008

클래식그림씨리즈

아이히슈테트의 정원

클래식그림씨리즈 그림이 구축한 문명, 고전으로 만나다

아이히슈테트의 정원

Hortus Eystettensis

클래식그림씨리즈 008

초판 1쇄 발행 2020년 10월 15일
초판 2쇄 발행 2021년 6월 20일

지은이 바실리우스 베슬러
해 설 원정현
펴낸이 김연희

펴 낸 곳 그림씨
출판등록 2016년 10월 25일(제406-251002016000136호)
주 소 경기도 파주시 광인사길 217(파주출판도시)
전 화 (031) 955-7525
팩 스 (031) 955-7469
이 메 일 grimmsi@hanmail.net

ISBN 979-11-89231-38-5 04480
ISBN 979-11-960678-4-7 (세트)

이 도서의 국립중앙도서관 출판예정도서목록(CIP)은 서지정보유통지원시스템 홈페이지(http://seoji.nl.go.kr)와 국가자료공동목록시스템(http://www.nl.go.kr/kolisnet)에서 이용하실 수 있습니다.(CIP제어번호: CIP2020035675)

008
클래식그림씨리즈

아이히슈테트의 정원

Hortus Eystettensis

바실리우스 베슬러 지음
원정현 해설

그림씨

해설

과학사 작가

원정현

예술과 혁신을 담은
17세기의 위대한 식물지,
《아이히슈테트의 정원》

아이히슈테트, 정원의 시작

아이히슈테트Eichstätt[1]는 독일 남동부 바이에른 주에 속한 도시로, 뮌헨에서 북쪽으로 약 100여 km 떨어진 곳에 위치해 있다. 중·고등학교를 다니며 과학을 공부한 사람들은 진화론 단원에 등장하는 '시조새 화석 사진'을 기억할 것이다. 우리나라 과학 교과서에 가장 많이 인용된 시조새 화석이 바로 이 아이히슈테트에서 발견된 것이다. 약 1억 5,000만 년 전 중생대 쥐라기에 살았던 아이히슈테트의 시조새는 좌우 날개를 펼치고 있는데, 이는 현재까지 발견된 시조새 화석 가운데 가장 보존이 잘 되어 있는 화석이다.

아이히슈테트 구舊도심의 서쪽 언덕 위에는 길이가 약 420m

1 우리나라 말로는 '꿀밤나무골'을 뜻한다.

인 소박한 성이 도심을 내려다보며 서 있다. 바로 빌리발트 성Willibaldsburg이다. 중세 말인 1353년경부터 지은 이 성은 오랫동안 아이히슈테트 대주교의 영지로 쓰였으며, 이후 30년 전쟁(1618~1648) 기간에 군대의 요새로 사용되기도 했다. 빌리발트 성 주변은 오랜 역사를 지닌 정원으로 둘러싸여 있는데, 이는 16세기 중반에 당시 아이히슈테트 주교였던 마르틴 폰 샤움베르크Martin von Schaumberg (1560~1590)에 의해 처음 조성되기 시작했다.

대주교의 정원을 품은 식물지, 《아이히슈테트의 정원》

《아이히슈테트의 정원*Hortus Eystettensis*》[2](1613)의 역사는 16세기 말, 요한 콘라트 폰 게밍겐Johann Konrad von Gemmingen(1593?~1612)이 아이히슈테트 대주교로 임명되면서 본격적으로 시작되었다. 식물을 사랑했던 요한 콘라트 대주교가 빌리발드 성 주변의 정원을 재정비하길 원했기 때문에, 그의 요청에 따라 1596년부터 성 주변은 계곡에서 퍼 온 흙으로 채워졌고, 정원에는 식물에 물을 공급하기 위한 수도관과 펌프가 설치되었다. 정원을 새로이 설계한 사람은 독일의 의사이자 식물학자, 인문학자였던 요하임 카메라리우스Joachim Camerarius the Younger(1534~1598)였다.

2 《아이히슈테트의 정원》과 같은 식물 목록집은 보통 'florilegium'이라고 부른다. 'florilegium'은 '식물 모음'을 뜻하는 라틴어이다.

카메라리우스는 후에 《아이히슈테트의 정원》의 제작과 편집, 출판을 지휘했던 바실리우스 베슬러Basilius Besler(1561~1629)의 동료였다. 카메라리우스가 정원을 완성하지 못한 채 1598년에 세상을 떠나자, 대주교는 뉘른베르크Nuremberg의 유명한 약제사이자 식물학자였던 베슬러에게 정원을 마저 완성해 줄 것을 부탁했다. 베슬러는 약제사로서의 경험을 통해 식물에 관한 풍부한 지식을 가지고 있었을 뿐만 아니라, 헌신적으로 일할 준비가 되어 있었다. 베슬러는 곧 정원의 큐레이터가 되었고, 새로운 식물들을 구입해 정원에 옮겨 심고 정원을 관리했다.

열렬한 식물학자로서 자신의 정원을 자랑스러워한 대주교는 정원에서 자라는 식물들을 기록으로 남기고 싶어 베슬러에게 식물지를 만들어 달라고 요청했다. 신이 창조한 생물의 다양성을 널리 알리고, 독일 최초의 대규모 정원인 자신의 정원을 역사에 남기기 위해서였다. 이렇게 나온 식물지가 바로 《아이히슈테트의 정원》이다.

베슬러가 《아이히슈테트의 정원》을 출간하는 데는 16년이라는 오랜 시간이 걸렸다. 대주교는 책이 나오기 6개월 전에 세상을 떠나, 아쉽게도 자신의 정원이 담긴 이 책을 볼 수 없었다.

아이히슈테트 정원은 8개의 독립된 정원으로 구성되어 있으며, 각각의 정원에는 담당 관리인이 따로 있었다고 한다. 각 정원은 아메리카 대륙, 오토만 제국(오늘날의 터키), 아시아 등 전 세계에서 들여온 식물들로 채워져 있었는데, 해외에서 들여오는 식물들은 대부분 네덜란드 상인을 통해 들여왔다. 각 정원마다 화단의 모양은 다양했고 꽃의 종류도 다채로웠다. 특히 이 정원에는 많은 종류의 장미,

《아이히슈테트의 정원》을 제작 · 출판한

바실리우스 베슬러의 초상화

백합, 튤립 등이 있었다. 예를 들어, 아이히슈테트 정원에는 500가지 서로 다른 색의 튤립이 있었다고 전하는데, 그중 베슬러는 67번부터 79번 도판에 걸쳐 총 54가지의 튤립을 그림으로 남겼다.

원한다면 아이히슈테트의 정원에 직접 가 볼 수도 있다. 《아이히슈테트의 정원》의 내용을 기반으로 정원이 재건되어 1998년에 일반인에게 공개되었기 때문이다. 30년 전쟁 기간이던 1633년, 스웨덴 국왕 구스타브 2세 휘하에 있던 베른하르트 폰 작센바이마르 공작의 군대가 빌리발트 성을 포위했고, 10여 일간의 대치 끝에 성은 스웨덴 군대의 손에 넘어가게 되었다. 5개월 후 성은 되찾았지만, 아이히슈테트 정원은 거의 파괴된 후였다. 350년 전에 파괴된 이 정원을 책의 기록을 기반으로 되살렸으니, 책 한 권의 위력이 얼마나 대단한지를 알 수 있다.

동판화 367장에 계절을 담다

1613년에 초판이 발행된 《아이히슈테트의 정원》은 17세기 초반의 가장 뛰어난 식물지 가운데 하나로 평가받는다. 이 책은 총 367개의 동판화로 이루어져 있다. 이전 식물지들의 삽화는 주로 목판화로 제작했던 것과는 달리, 베슬러는 처음부터 동판화로 삽화를 제작하기를 원했다.

《아이히슈테트의 정원》에는 총 1,084개의 식물이 수록되어 있다. 오늘날의 분류 체계에 따르면, 이 책에 수록된 1,084개의 식물은

복원된 아이히슈테트 정원의 모습

90과family 340속genera 667종species에 해당한다. 놀라운 다양성이 이 한 권의 책 속에 구현된 것이다. 1,084개의 식물이 367개의 동판에 새겨졌으니, 각 도판에는 평균 3개 정도의 식물이 그려져 있는 셈이다. 예술성을 강조한 베슬러는, 여러 종의 식물을 한 도판에 새길 때 크기가 큰 식물들을 중심에 배치했고, 크기가 작은 식물이나 야생 식물들은 각 판의 빈 곳에 그려 넣었다. 이때 크기가 작은 식물들은 크기가 큰 식물들과 색감이 일치하도록 신경을 썼다.

《아이히슈테트의 정원》에서 주목해야 할 점은 식물들을 '계절별'로 나누어 배치했다는 점이다. 즉, 식물을 분류하는 기준이 '계절'이었던 셈이다. 각 판의 식물들이 계절과 정확하게 일치하지는 않았지만, 베슬러는 1년 365일 동안 세월에 따라 정원에서 일어나는 변화를 생동감 있게 느낄 수 있도록 책을 구성하였다. '봄'은 풍요의 계절로서 134개의 도판에 454개의 식물을 새겨 넣었으며, 절정의 계절 '여름'은 184개의 판에 505개의 식물을 새겨 넣었다. '가을'은 42개의 판에 98개의 식물을 그려 넣었고, '겨울'에 해당하는 판은 7개에 불과하다.

베슬러는 '색감'을 우선으로 고려하여 각 판을 구성했는데, 그러다보니 가끔 꽃이 피는 시기가 서로 다른 식물들을 같은 도판에 배치하기도 했다. 모든 꽃은 만개한 상태로 그렸으며, 각 식물에 대한 기재記載 사항은 '라틴어'로 썼다.

대주교가 세계 각지에서 들여온 식물들로 정원을 꾸몄던 만큼, 《아이히슈테트의 정원》에는 다양한 원산지의 식물들이 수록되어 있다. 이 책에 실린 식물들 중 약 1/3에 해당하는 349개만이 독일산이고, 나머지 2/3는 지중해 인근의 남동 유럽, 아시아, 아프리카, 아메리카가 원산지이다. 이 중 원산지가 아프리카와 아메리카 대륙인 식물은 각각 9종과 23종에 달한다.

책에 실린 식물들 중 아시아가 원산지인 식물은 피스타치오, 아몬드, 창포, 석류나무, 접시꽃, 바질, 가지, 봉선화, 양귀비, 맨드라미, 토란 등이 있으며, 터키를 포함한 지중해 인근이 원산지인 식물은 히아신스, 튤립, 쑥갓 등이 있다. 아프리카가 원산지인 식물은 글라디올러스, 아프리카바질, 수박, 멜론, 알로에 등이며, 아메리카가 원산지인 식물은 서양측백나무, 예루살렘체리, 해바라기, 마리골드, 토마토, 고추, 칸나, 분꽃, 담배, 감자, 용설란, 선인장 등이다.

아름다운 《아이히슈테트의 정원》이 탄생하기까지

《아이히슈테트의 정원》은 두 가지 판본으로 제작되었다. 하나는 약제사들이 참고 문헌으로 사용하도록 만든 흑백판으로, 앞면에는 그림, 뒷면에는 텍스트가 실려 있으며, 상대적으로 가격이 쌌다. 다른 판본은 텍스트 없이 화려하게 채색한 그림만 실린 것인데, 질 좋은 종이에 일일이 손으로 채색했기 때문에 가격이 매우 비쌌다. 흑백 판본의 가격은 35플로린이었던 반면, 컬러 판본의 가격은 500플로린이었다(하지만 책이 잘 팔려 재고가 줄어들자 흑백 판본의 가격도 48플로린으로 치솟았다고 한다). 이 책의 성공으로 돈을 번 베슬러가 당시 뉘른베르크에서 산 커다란 집의 값이 2,500플로린이었다고 하니, 이 책 다섯 권 값이 집 한 채 값과 맞먹은 셈이다.《아이히슈테트의 정원》은 역사상 가장 비싼 책 가운데 하나라고 할 수 있을 것이다.

베슬러는《아이히슈테트의 정원》을 만드는 과정에서 식물학자, 도안가圖案家, 조각가, 색채화가 등 여러 사람의 도움을 받았다. 먼저, 식물에 대한 설명은 식물학자이자 의사였던 루트비히 융거만 Ludwig Jungermann(1572~1653)이 담당했는데, 그는 정원을 처음 설계했던 카메라리우스의 조카였다. 또, 책을 뉘른베르크에서 만들었기 때문에 베슬러에게는 정원의 꽃들을 최대한 싱싱하게 유지하는 것이 중요했다. 그래서 대주교는 약 1년 반 동안 매주 갓 잘라낸 아이히슈테트 정원의 싱싱한 꽃을 뉘른베르크로 보내 주었다.

꽃이 배달되고 나면, 뉘른베르크의 대학 도서관에서 꽃의 칼라 드로잉 작업이 이루어지고, 칼라 드로잉은 조각하기 편하도록 다시 흑백 도면으로 바꾸었다. 칼라 드로잉을 흑백 도면으로 바꾸는 이 작업에는 전문적인 기술이 필요했기 때문에 6명 이상의 조각가가 동원되었으며, 마지막 채색 작업을 위해 색채 정보를 흑백 도면 옆에 기록해 놓기도 했다. 흑백 도면을 따라 약 10여 명의 조판공들이 동판에 조각을 하고 나면, 마지막 작업만이 남았다. 칼라 판본의 마지막 단계는 흑백으로 인쇄된 그림에 손으로 세심하게 색을 입히는 일이었다.

베슬러는 정교하고 세심하게 색을 입히는 과정에서 다양한 톤의 색을 사용했다. 예를 들어, 그는 여름에 해당하는 204번 도판에 해바라기 꽃을 배치했는데, 같은 노란색이라도 톤을 다르게 하여

《아이히슈테트의 정원》의 속표지

신전 입구 아치의 위쪽에는 대주교의 문장紋章이 걸려 있고, 문장 양쪽에는 꽃과 풍요의 여신인 플로라(꽃바구니를 들고 있다)와 대지의 여신 케레스(벌통을 안고 있다)가 앉아 있다. 양쪽 기둥 앞에 서 있는 두 남자는 식물학적 지식이 풍부했다고 알려진 솔로몬 왕(왼쪽)과 페르시아의 키루스 대제(오른쪽)이다. 가운데 그려진 '에덴의 정원'에서는 신이 아담에게 주위를 둘러보도록 안내하고 있다. 이 그림을 통해 대주교는 식물학에 관심을 가진 자신을 오랜 신적 전통 속에 위치시켰으며, 자신의 정원을 아이히슈테트에서 재탄생한 천국으로 묘사하고자 했다.

잎의 윤곽선이 잘 드러나도록 했고, 섬세한 크로스 에칭 기법을 이용해 음영을 표현했다. 16세기 중반에 활약했던 다른 식물학자들과 달리 베슬러는 동판을 이용했기 때문에 세밀한 식각이 가능했다.

완성된 책은 책의 제작을 후원했던 주교에게 헌정되었다. 처음에 추정된 총 예산은 약 3,000플로린이었지만,《아이히슈테트의 정원》은 손으로 일일이 채색을 했기 때문에 예상보다 훨씬 많은 예산이 소요되었다. 이 책에 들어간 최종 예산은 처음에 생각했던 금액의 약 6배나 되는 17,920플로린이었다.

르네상스 후기의 새로운 자연사 연구 경향, 그리고《아이히슈테트의 정원》의 중요성

아이히슈테트 대주교 요한 콘라트 폰 게밍겐이 빌리발트 성 주위에 정원을 만들겠다는 결심을 하고 있을 때, 유럽 여러 도시의 대학들과 유명한 성城 주변에는 이미 대규모 식물원들이 만들어지고 있었다. 그 포문을 연 것은 파도바대학교였다. 이탈리아 베니스 부근에 위치한 파도바대학교에는 1543년에 유럽 최초로 대학 부설 식물원이 만들어졌다. 파도바대학교에 이어 1545년에는 이탈리아의 피사대학교에, 1587년에는 네덜란드의 라이덴대학교에 식물원이 세워졌다. 이후 유럽의 각 도시에는 식물원들이 계속해서 생겨났고, 이 식물원들은 오늘날까지 그대로 남아 있다. 그렇다면 16세기 말 유럽 각 도시에 식물원들이 급속도로 생겨난 이유는 무엇일까?

II. Sedum minus flo: rubente. I. Pœonia polyänthos flore rubro.

《아이히슈테트의 정원》의 흑백판(왼쪽)과 칼라판(오른쪽)에 실려 있는 작약 그림

베슬러는 흑백판과 칼라판 두 종류의 판본을 만들었다. 위 두 그림은 101번 도판의 작약 그림인데, 오른쪽 칼라판에는 선명한 색채를 이용해 명암을 살려가며 섬세하게 채색한 것을 볼 수 있다. 베슬러는 한 개의 판에 여러 식물을 그릴 때 크기가 큰 식물을 가운데에 배치하고 크기가 작은 식물들은 빈 곳에 배치했다. 이 그림에서도 크기가 작은 야생의 바위솔은 왼편 아래쪽 여백에 그려 넣은 것을 볼 수 있다.

1492년, 크리스토퍼 콜럼버스Christopher Columbus(1451~1506)가 아메리카 대륙에 첫 발을 내디디면서 유럽인들은 대서양 건너에 자신들이 모르는 신세계가 있음을 알게 되었다. 신세계의 발견은 곧 유럽인들이 대서양을 건너 아메리카 대륙으로 항해할 수 있을 만큼 항해술, 축조술 등이 발달했음을 의미한다. 유럽인들은 이러한 기술을 바탕으로 아프리카 남쪽을 돌아 인도, 동남아시아 등에도 진출하게 되었다. 자신들이 세계 곳곳으로 진출했던 이 시기를 유럽인들은 '대항해 시대'라고 부른다.

유럽인들은 신세계를 탐험하면서 새로운 자연물을 많이 접하게 되었다. 이들은 신세계의 이국적인 동식물, 진기한 물건, 새로운 인종 등 '새로움'에 열광했다. 유럽인들은 새로 발견한 것들을 유럽으로 들여왔고, 유럽에는 신세계에서 온 새로운 것들이 넘쳤다. 17세기 이전까지 유럽인들이 알고 있던 생물은 약 6,000종에 불과했지만, 한 세기 후에는 12,000여 종이 되었다. 이는 신세계의 생물들이 유럽으로 매우 빠르게 유입되었음을 의미한다.

자연스럽게 유럽에서는 자연사Natural History 연구가 활발하게 이루어지기 시작했다. 자연사란, 식물이나 동물 등 자연물을 연구하는 학문을 말한다. 신세계를 통해 알려진 이국적인 식물들은 자연사에 대한 관심을 불러왔고, 귀족들은 식물 수집이라는 새로운 취미를 가지기 시작했다. 이러한 새로운 동식물들을 한 곳에 모아 전시하고 연구하기 위해, 16세기 중반부터 유럽 전역에는 식물원이나 동물원이 생기기 시작했다. 유럽의 약제사나 의사, 식물학자들은 세계 각지에서 모아온 약용 식물이나 요리용 허브 등을 식물원에 심은 후 그 실용적 가치를 연구해 나갔다.

1. 삽화의 중요성 강조

이러한 사회적 분위기에서 자연사 연구 방법에는 큰 변화가 일어났다. 그 첫 번째로 '삽화'의 중요성이 강조되기 시작했다. 16세기 이전의 자연사 연구는 주로 테오프라스토스Theophrastos(기원전 372?~기원전 288)나 디오스코리데스Dioscorides(40?~90?)와 같은 고대 그리스 자연 철학자들의 식물지나 동물지에 의존하고 있었다. 고대 그리스 자연학자들의 책은 중세에 이슬람 학자들이 아랍어로 번역하여 연구했고, 이 번역서들은 중세 후반을 거치면서 다시 유럽 학자들의 손에 들어갔다. 하지만 인쇄술이 발달하지 않은 고대 시기에 만들어진 책의 삽화들은 매우 조악했고, 여러 사람이 필사筆寫하면서 그나마 괜찮던 삽화들도 알아보기 힘들게 된 경우가 많았다. 또 고대 그리스의 책에는 식물을 동정同定, identification하는 데 필요한 기재 내용이 충분치 않거나 아예 없는 경우도 많았다. 삽화들의 예술적 가치는 언급할 필요도 없을 지경이었다.

하지만 르네상스 후기인 16세기부터 유럽의 자연사 연구자들은 동식물을 서로 비교하거나 해부하면서 동식물에 대한 이해의 폭을 넓혔고, 연구 결과를 더 정확한 그림과 활자본으로 남기기 시작했다. 그 이유는 명확했다. 당대의 식물지는 주로 약용 식물에 대한 지침서 역할을 했는데, 약제사와 의사가 각 식물의 생김새와 쓰임새를 정확히 알고 처방하기 위해서는 정확성이 매우 중요했기 때문이다.

레온하르트 푹스의 초상화(왼쪽)와, 그의 책《식물 탐구에 관한 주목할 만한 논평》에 실려 있는 아스파라거스 삽화(오른쪽)

아스파라거스의 식용 여부나 요리 방법 등에 관한 논평을 싣긴 했지만(오늘날의 식물학자들은 그러한 것에는 관심을 기울이지 않는다), 푹스는 정확한 삽화의 중요성을 인식한 16세기 자연학자들 중 한 사람이었다.

잘못된 고대 문헌의 내용을 정확하게 복원해 나가는 과정에서 자연학자들은 점차 삽화의 중요성을 깨달았다. 그러한 르네상스 후기의 자연학자로는 오토 브룬펠스Otto Brunfels(1488~1534)나 레온하르트 푹스Leonhart Fuch(1501~1566)를 들 수 있다. 독일의 신학자이자 식물학자였던 브룬펠스는 식물을 직접 관찰한 후 삽화를 정확하게 그렸고, 이를 묶어《생생한 식물도감*Herbarum vivae eicones*》(1530~1536)이라는 식물지를 출판했다. 오늘날과 같이 정교한 삽화는 아니지만, 고대 식물지에 비해서는 한층 발전한 것이었다. 독일의 의사이자 식물학자였던 푹스도 목판으로 한층 정교하게 인쇄한 삽화들을 모아《식물 탐구에 관한 주목할 만한 논평*De Historia Stirpium Commentarii Insignes*》(1542)을 출판했다.

하지만 브룬펠스나 푹스의 책은 식물의 약용 가치에 중점을 둔 의학서에 가까웠다. 16세기 말, 여전히 약용 식물에 주목하기는 했지만, 이전 세대보다는 식물 자체의 특성에 조금 더 중점을 두는 자연학자들이 등장하기 시작했다. 이탈리아의 의사이자 식물학자 안드레아 체살피노Andrea Cesalpino(1519~1603)와 이탈리아의 자연학자 울리세 알드로반디Ulisse Aldrovandi(1522~1605)가 그들이다.

브룬펠스, 푹스, 체살피노, 알드로반디와 같은 16세기 자연학자들은 식물원이나 야외에서의 관찰을 통해 식물 목록을 점차 추가했고, 시간이 지날수록 더욱 생생한 화보를 담은 식물지를 출판했다. 그리고 이들의 식물지는 인쇄술 발달에 힘입어 빠른 속도로 유럽 전역에 확산되었다. 구텐베르크로부터 시작된 유럽의 인쇄술은 이처럼 식물 연구에도 큰 영향을 주었다.

하지만 직접 관찰하여 제작한 세밀한 삽화를 강조하고 이전 세대보다 약용 식물의 특징을 정확히 기록했다고 해서 16세기 유럽 학자들의 식물학을 오늘날과 같은 의미로 해석하기는 어렵다. 식물 그 자체의 특성에 관한 연구를 중시하는 오늘날과 달리, 이들은 연구를 통해 약용식물학을 정립하는 것을 목표로 삼았기 때문이다. 16세기 자연학자들은 과학이 사람들을 이롭게 해야 한다고 생각했고, 식물학은 의학과 불가분의 관계라고 믿었다.

약용 식물을 중심으로 이루어진 이러한 식물 연구 경향은 동시대의 중국 식물학 연구에서도 찾아볼 수 있다. 1578년에 중국 명나라 의사 이시진李時珍(1518~1593)은 27년에 걸쳐 총 52권에 달하는 방대한 분량의 약학서 《본초강목本草綱目》을 완성했다. 《본초강목》에서 '본초'란 의학에 사용되는 자연물을 의미하며, '강목'은 크고 작게 분류하고 자세히 기술하는 것을 뜻한다. 이 책에서 이시진은 16부, 60류, 1,895종의 생물을 분류했으며, 식물을 초본(혹은 약초)부, 곡물부, 채소부, 과일부 그리고 목본부로 나누었다. 의사였던 이시진에게 있어 식물 연구는 두 가지 의미를 가졌다. 하나는 사물의 이치를 깨닫기 위함이었고, 다른 하나는 의사로서 환자를 치료하기 위함이었다.

2. 상징적 세계관에서 사실적 세계관으로!

삽화의 중요성을 강조한 것과 더불어 16세기~17세기의 자연사 연구에는 또 하나의 큰 변화가 나타났다. 과학사학자 윌리엄 애슈워스William Ashworth는 16세기 이전 르네상스 시기까지의 자연사 연구는 '상징적 세계관Emblematic World View'이 바탕이었으나, 17세기 중반부터 이러한 상징적 자연사 연구가 경험적 사실만을 추구하는 '근대적 의미'의 자연사 연구로 바뀌게 되었다고 주장했다.

그렇다면 16세기 이전의 '상징적 세계관'이란 무엇일까? 오늘날 우리는 자연물을 연구할 때 그 자체만을 연구한다. 예를 들어, 독수리에 관해 연구한다면 독수리 자체, 즉 독수리의 생김새나 생리, 생태, 진화적 관계 등에 집중하여 연구할 것이다. 하지만 상징적 세계관을 가진 자연학자는 이러한 사실적 분석뿐 아니라 독수리와 그 주변의 연관성에도 주목한다. 상징적 세계관에 의하면 우주의 모든 사물들은 서로 연관되어 있기 때문에, 사물을 연구한다는 것은 그 사물과 관련 있는 모든 것—각 나라에서 사물을 일컫는 이름, 사물과 관련한 신화나 속담, 격언 등—을 탐구해야 함을 의미한다. 예를 들어, 독수리를 연구한다면, 독수리를 관찰해야 할 뿐만 아니라 독수리와 관련된 신화나 속담을 알고, 그것이 가지는 상징성도 알아야 하는 것이다.

자연물이 가지는 상징적 의미를 중시하는 이러한 연구 경향 속에서, 자연물은 역사, 우화, 유용성 등의 관점으로 재해석되었다. 예를 들어, '여우는 교활하다', '사자는 용감하다', '뱀은 사악하다'와 같은 상징을 만드는 방식이다. 이러한 상징들은 사람들을 도덕적으로 교화시키는 역할을 하기도 했다. 또, 사자와 독수리 같은 동물이나 별과 행성 같은 천체를 이용해 귀족 가문의 문장을 만듦으로써 가문의 이미지를 상징적으로 표현하기도 했다.

16세기까지의 상징적 세계관을 가진 대표적인 자연학자로는 유럽 최초의 대학인 이탈리아 볼로냐대학교 자연과학과 초대 정교수였던 알드로반디가 있다. 삽화를 중시하던 16세기 자연사 연구 경향 속에서 알드로반디는 식물의 표본과 정확한 삽화의 중요성을 강조한 것으로 유명하다. 알드로반디는 볼로냐대학교에 공립식물원과 자연사박물관이 만들어지는 데 중요한 역할을 했다.

그는 직접 관찰과 정확한 삽화를 강조함으로써 근대적 자연사의 기초를 닦았지만, 자연물을 다루는 방식에 있어서는 여전히 상징적 세계관을 지니고 있었다. 알드로반디 역시 자연물 자체뿐만 아니라 주변과의 연관성이나 상징을 중시했던 것이다. 그는 살아있는 동안 엄청난 양의 생물 표본을 모으고, 많은 양의 자연물을 연구했지만, 연구 결과를 모두 책으로 출판하지는 못했다. 알드로반디가 죽고 난 후, 볼로냐 시의회에서는 그의 업적을 기리기 위해 그의 유작 아홉 권을 출판했는데, 그중 한 권이 1642년에 출판된《괴물의 역사*Monstronum Historia*》이다.

알드로반디의 가장 유명한 책 가운데 하나인《괴물의 역사》에서 그는 기형 인간들과 기형 동물들, 신화 속 괴물들, 상상 속 생물인 용이나 거대한 뱀, 우주의 이상 현상 등을 그림으로 기록했다. 그의 책에는 하체가 서로 붙어 있는 결합 쌍둥이, 팔이 하나만 달린 아이, 기생 쌍둥이가 배에 달려 있는 남자, 등에 양의 머리가 달린 사자, 포유류의 꼬리가 달린 닭, 사람의 머리가 달린 새, 태양 주변에 생긴 경이로운 원 등 '괴물' 그림들이 목판화로 인쇄되어 있다.

알드로반디의 책은 당시 유럽에서 유행하던 '괴물'에 대한 관심과 밀접하게 연관되어 있다. 이러한 괴물들이 실재한다고 믿은

울리세 알드로반디의 초상화(아래쪽)와, 그의 책 《괴물의 역사》에 실려 있는 여러 괴물들의 모습(위쪽)

알드로반디는 직접 관찰을 중시했고, 표본의 중요성을 강조했으며, 삽화의 중요성을 알아차렸다는 점에서는 근대적 의미의 자연학자라고 알 수 있지만, 동시에 상징적 세계관을 바탕으로 '괴물' 연구를 했다는 점에서 양면성을 드러내기도 했다. 근대 초기의 유럽에서는 이러한 괴물들이 실재한다고 믿었으며, 괴물은 신의 노여움의 상징으로 받아들였다.

많은 사람들은 기형 인간이나 동물이 태어나면 신기함과 함께 공포감을 느꼈으며, 이를 자연의 재앙과 연결 짓곤 했다. 그리고 그 재앙은 신이 노여워 하여 생긴 것이라 믿었다. 이들에게 괴물은 단순한 자연물이 아니라 '신이 보내는 경고이자 성스러운 징조'였던 것이다.

하지만 유럽의 팽창과 더불어 새로운 자연물이 유럽으로 빠르게 유입되면서, 이러한 자연사 연구 방법과 내용은 변화할 수밖에 없었다. 유럽에 쏟아져 들어오는 새로운 생물을 이해하기 위해서는 사실적 관찰과 세밀한 기록이 '상징'보다 더 중요했기 때문이다. 그래야만 새로운 자연물에 대한 정확한 정보를 얻을 수 있었다.

이러한 배경에서 고대와 중세, 르네상스로 이어져 오던 자연사는 점차 사실의 관찰과 정확한 기록을 강조하는 근대적 자연사로 바뀌었고, '상징'보다는 자연물 그 자체에 대한 지식을 확립하는 데 더 많은 관심을 가지게 되었다. 그리고 이러한 과정에서 식물학은 점차 의학과 분리되었고, 17세기에 이르러서는 하나의 독립된 학문으로 자리 잡게 되었다.

《아이히슈테트의 정원》은 삽화의 중요성을 강조하고 사실적 관찰과 세밀한 기록을 중시하는 이러한 역사적 변화의 시작점에서 출판되었다. 정원의 꽃들, 허브, 채소, 이국적인 식물들로 구성된 《아이히슈테트의 정원》은 당시 구할 수 있던 가장 큰 판형인 로열판(57×46cm)에 인쇄되었기 때문에, 그림이 거의 실제 크기로 그려져 섬세함이 살아 있다. 전체적인 구도는 예술적으로 고안되었고, 사실을 중시한 근대적 식물학 연구 방법을 따랐다. 또 마지막 과정에서 손으로 직접 채색을 했기 때문에 생동감이 넘친다.

《아이히슈테트의 정원》 속 식물들은 아름다움의 대상으로 묘사되었으며, 살아 있는 상태 그대로 그려졌다. 16세기 중반까지 식물지에서 중시하던 약용 식물들은 더이상 강조의 대상이 되지 못했고, 책에는 상징적 해석이 최대한 배제되었다. 그리고 17세기 이후, 이러한 식물 모음집florilegium에 대한 대중적 인기와 지지는 점점 높아졌다.

"견줄 수 없는 걸작"
《아이히슈테트의 정원》

《아이히슈테트의 정원》에서 식물을 배치한 방식은 오늘날의 분류 체계와는 상당히 다르다. 오늘날 우리가 사용하는 기본 분류 체계는 스웨덴의 자연학자 칼 폰 린네Carl von Linné(1707~1778)가 기초를 닦은 것이다. 린네는 식물을 분류할 때 먼저 수술을 중심으로 식물을 24개의 '강'으로 나눈 다음, 각각의 강을 암술을 기준으로 여러 개의 '목'으로 나누었다. 그리고 '목'을 다시 생물들의 대표적인 특징을 따서 '속'과 '종'으로 세분했다.

하지만 베슬러의《아이히슈테트의 정원》에는 식물들이 계절에 따라 꽃이 피는 순서대로 배치되어 있다. 그래서 분류학적으로는 상당히 거리가 먼 식물들이 같은 판plate에 배치되어 있는 경우를 많이 볼 수 있다. 예를 들어, '봄'에 해당하는 4번 판을 보면 장미과에 속하는 벚나무와 소나무과에 속하는 가문비나무가 같은 판에 배치되어 있는 것을 볼 수 있다. 또 '가을'에 해당하는 319번 판에는 가지과에 속하는 토마토와 박과에 속하는 멜론, 수박이 함께 배치되어 있다.

이렇게 '계절' 등과 같은 한 가지 특징으로 생물을 분류하는 방식을 '인위 분류'라고 한다. 오늘날 대부분의 식물학자들은 인위 분류 대신 자연 분류 방법을 택하고자 한다. 즉, 식물을 분류할 때 식물 자체의 여러 특징들을 비교하여 유연관계를 따진 후 그에 따라 분류한다.

그럼에도《아이히슈테트의 정원》은 오늘날의 식물학 문헌에서도 가장 중요한 기록 중 하나로 꼽히고 있다. 비록 오늘날과는 다른 분류 체계를 따랐지만, 이 책이 17세기의 근대적 자연사 연구를 촉발시키는 데 중요한 역할을 한 것은 틀림없다. 18세기 중엽 근대적 분류 체계를 정립했던 린네는 베슬러의《아이히슈테트의 정원》을 "견줄 수 없는 걸작"이라고 평가했다.

《아이히슈테트의 정원》은 책장을 넘기며 화려한 색을 입은 정교한 그림들을 보는 것만으로도 충분한 의미가 있는 책이다.《아이히슈테트의 정원》을 보며 독일의 옛 도시 아이히슈테트의 정원에서 있는 듯한 착각 속에 잠시 빠져 보는 것도 기분 좋은 경험이지 않을까?

참고문헌

Basilius Besler, *The Book of Plants: The Complete Plates*, TASCHEN, 2007.

로버트 헉슬리, 곽명단 옮김, 《위대한 박물학자들》, 21세기북스, 2009.

Joseph Needham, *Science and Civilisation in China*, vol. 6 Biology and Biological Technology, part Ⅰ: Botany, Cambridge University Press, 1986, pp. xxii–xxxii, pp. 1~23, pp. 117~182.

성하나, 〈고전을 넘어 경험을 추구하다: 대학의 인문주의 문화와 스페인 제국의 상업적 활동을 통해 살펴본 16~17세기 '근대 초' 식물학의 탄생〉, 《한국과학사학회지》 제32권 제2호, 2010, pp. 291~310.

쑨이린, 송은진 옮김, 《생물학의 역사》, 더숲, 2012.

원정현, 《세상을 바꾼 생물》, 리베르스쿨, 2018.

Paula Findlen, *Possessing Nature: Museums, Collecting, and Scientific Culture in Early Modern Italy*, University of California Press, 1994.

스티븐 샤핀, 한영덕 옮김, 《과학혁명》, 영림카디널, 2002.

William B. Ashworth Jr., "Natural History and the Emblematic World View", David C. Lindberg and Robert S. Westman eds., *Reappraisals of the Scientific Revolution*, Cambridge University Press, 1990, pp. 303~332.

해롤드 J. 쿡, 서명단 옮김, 〈혁명의 최전선? 북해 연안 지역의 의학과 자연사〉, 박민아·김영식 편, 《프리즘: 역사로 과학읽기》, 서울대학교출판부, 2007, pp. 61~91. [Harold J. Cook, "The Cutting Edge of a Revolution? Medicine and Natural History Near the Shores of the North Sea", J. V. Field and Frank A. J. L. James eds., *Renaissance and Revolution: Humanists, Scholars, Craftsmen an Natural Philosophers in Early Modern Europe*, Cambridge University Press, 1993, pp. 45~62.]

https://www.bl.uk/collection-items/hortus-eystettensis

https://www.botanicalartandartists.com/about-basilius-besler.html

차례

여름 Summer

가을 Autumn

겨울 Winter

일러두기

꽃 이름이 확실하지 않거나 여러 가지인 경우엔 '국가표준식물목록(산림청 국립수목원)' 기준으로 표기했다.

HORTVS
EYSTETTENSIS,
SIVE
DILIGENS ET ACCVRATA OMNIVM
PLANTARVM, FLORVM, STIRPIVM, EX
VARIIS ORBIS TERRÆ PARTIBVS, SIN-
GVLARI STVDIO COLLECTARVM, QVÆ
IN CELEBERRIMIS VIRIDARIIS ARCEM EPISCOPALEM
IBIDEM CINGENTIBVS, HOC TEMPORE CONSPICIVNTVR
DELINEATIO ET AD VIVVM REPRÆSENTATIO
OPERÂ
BASILII BESLERI PHILIATRI
ET PHARMACOPOEI.
M.D C. XIII
SALOMON
CYRVS.

봄

Spring

001

Plate 1

Ⅰ. BUXUS SEMPERVIRENS

좀회양목 | 회양목과

Ⅱ.Ⅲ. SYRINGA VULGARIS

라일락 | 물푸레나무과

언제나 초록 잎을 볼 수 있는 회양목은 로마와 중세 때부터 정원수로 사랑받아 온 나무이다. 봄이 되면 잎겨드랑이에 암술과 수술로만 이루어진 작은 꽃이 핀다.

16세기 후반에 아시아에서 독일로 전해진 라일락은 작고 향기로운 꽃이 줄기 끝에 달리며, 자주색, 청색, 흰색 등 여러 가지 색의 꽃을 피운다.

III. *Syringa flore lacteo.* I. Buxus. II. *Syringa flore cæruleo.*

002

Plate 4

Ⅰ.Ⅱ. **PRUNUS SPEC.**

벚나무 | 장미과

Ⅲ. **PICEA ABIES**

독일가문비나무(노르웨이가문비나무) | 소나무과

체리를 열매로 맺는 벚나무는 흰색, 연분홍색, 분홍색의 꽃이 핀다. 겹벚꽃나무도 있다.
유럽 원산의 독일가문비나무는 정원수로 많이 심었으며, 특히 크리스마스 트리로 유명하다.

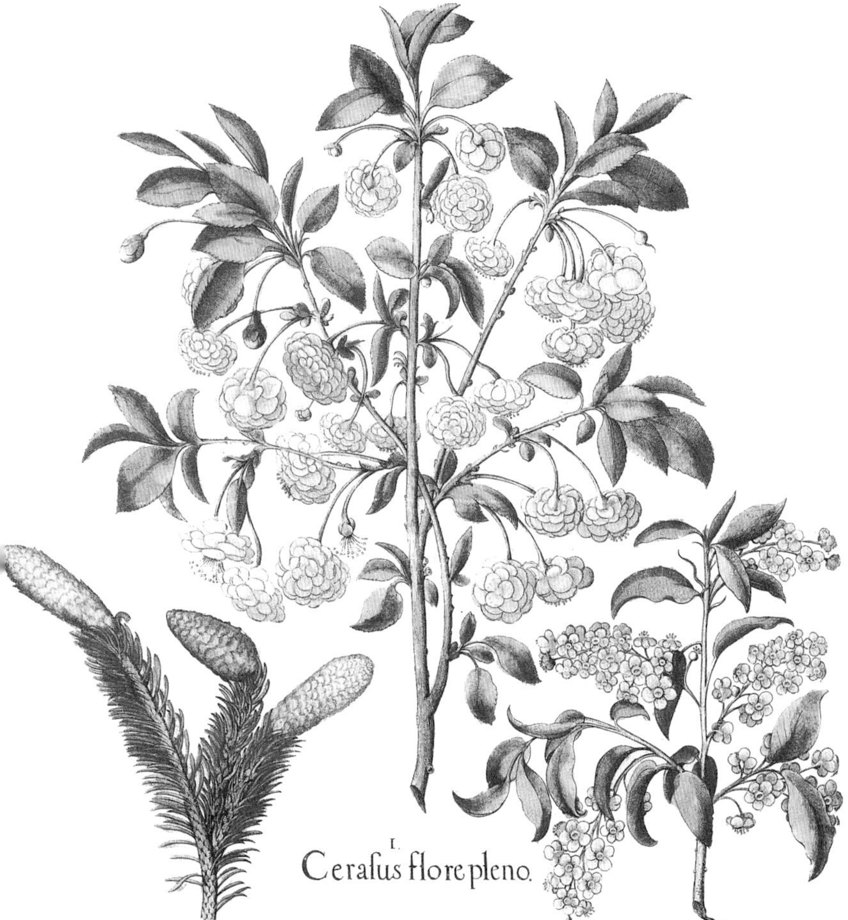
I.
Cerasus flore pleno.
III
Summitates Piceæ.
II.
Cerasus racemosa sylvestris.

003

Plate 5

Ⅰ. MALUS SPEC.
사과나무 | 장미과
Ⅱ. LYCHNIS VISCARIA
끈끈이동자꽃 | 석죽과
Ⅲ. CAMPANULA PATULA
캄파눌라파툴라(파툴라초롱꽃) | 초롱꽃과

야생 사과나무는 선사시대부터 인류와 함께했으며, 현재는 많은 개량종이 나와 대표적인 과일로 자리 잡았다.
유럽이 원산지인 끈끈이동자꽃과 캄파눌라파툴라는 줄기 끝에 작은 꽃이 피는데, 특히 끈끈이동자꽃은 줄기 윗부분의 마디에서 끈끈한 점액을 분비한다.

II. Lychnis viscosa sylvestris flore incarnato.

I. Poma flore multiplici.

III. Rapunculus Sylvestris maior

004

Plate 6

Ⅰ. **PISTACIA VERA**
피스타치오 | 옻나무과
Ⅱ. **LAURUS NOBILIS**
월계수(계수나무) | 녹나무과
Ⅲ. **PRUNUS DULCIS**
아몬드 | 장미과

건강에 좋은 견과류로 알려진 피스타치오와 아몬드는 중앙아시아, 서아시아 지역이 원산지이며, 오랫동안 의학용으로 이용하였다.
월계수는 지중해 연안이 원산지이며 허브, 향신료 등으로 널리 이용한다. 월계수로 만든 월계관은 오늘날에도 승리와 영광의 상징으로 여긴다.

I. Pistacia.

II. Laurus cum flore.

III. Amigdala cum flore.

005

Plate 8

Ⅰ. STAPHYLEA PINNATA
유럽고추나무 | 고추나무과
Ⅱ.Ⅲ.Ⅳ.Ⅴ. VINCA MINOR
빈카 | 협죽도과

유럽고추나무는 작은 종 모양의 흰색 꽃이 무리지어 피며, 풍선 모양의 얇은 꼬투리에 싸인 씨가 바람에 날려 퍼진다. 바람개비 모양의 푸른색 꽃이 피는 빈카는 봄의 시작을 알리는 식물이다.

III.
Clematis Daphnoides.
flor. ceruleo.
II.
Clematis Daphnoides
flor. albo.
I.
Staphylodendron.
V.
Clematis Daphnoides
flor. purpureo pleno.
IIII.
Clematis Daphnoides
flor. purpureo.

006

Plate 13

Ⅰ. DIOSPYROS LOTUS
고욤나무 | 감나무과
Ⅱ. LIGUSTRUM VULGARE
쥐똥나무 | 물푸레나무과

감나무를 접붙일 때 쓰이는 고욤나무는 서양이나 동양에서 중요한 약재로 쓰였다.
검은 쥐똥 같은 열매를 맺는 쥐똥나무는 가지 끝에 흰 꽃이 피며 관상용 또는 약용으로 쓰인다.

II. *Ligustrum*.

I. Guaiacana.

007

Plate 18

Ⅰ.Ⅱ.Ⅲ.Ⅳ.Ⅴ. **VIOLA ODORATA**
향기제비꽃 | 제비꽃과

제비꽃은 봄에 피는 대표적인 야생화이며 호메로스, 괴테, 셰익스피어 등의 문학 작품과 회화에도 많이 등장한다. 제비꽃은 관상용, 식용, 약용으로 두루 쓰이며, 향기제비꽃은 특히 향이 강하여 향수, 화장품 제조에도 쓰인다.《아이히슈테트의 정원》에는 크기, 모양, 색이 다양한 제비꽃이 다섯 번이나 등장한다.

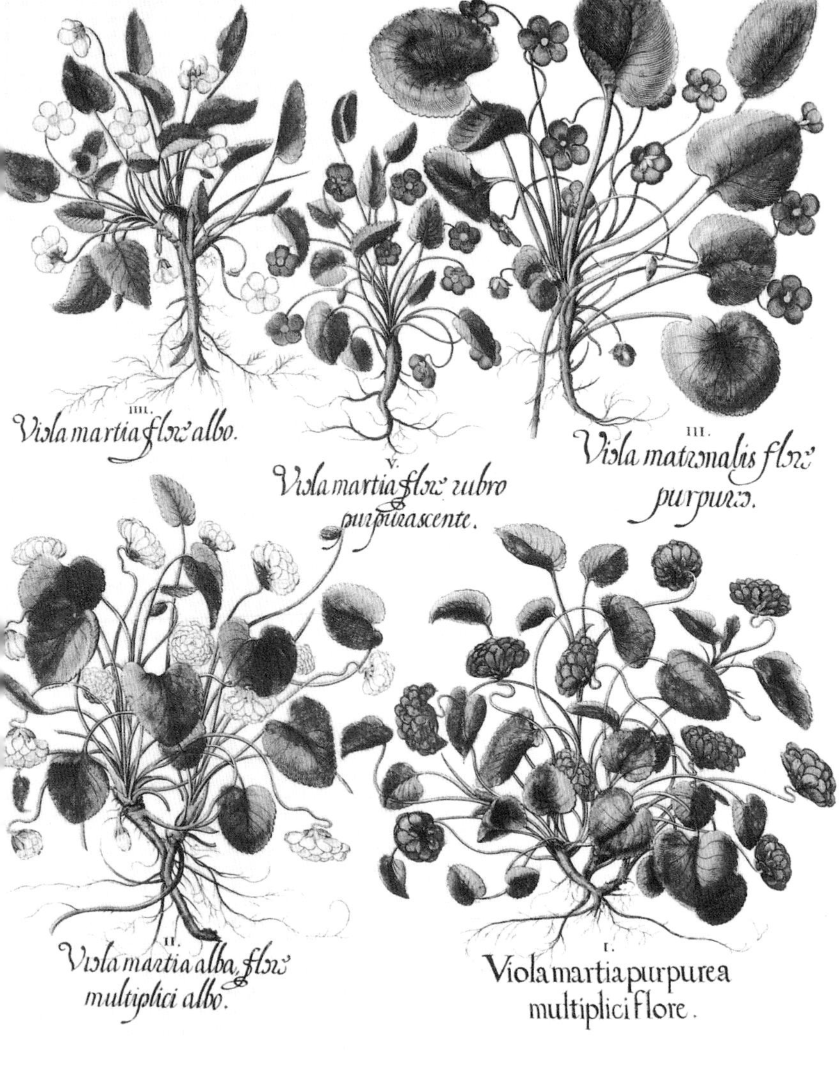
IIII.
Viola martia flo: albo.
V.
Viola martia flo: rubro purpurascente.
III.
Viola matronalis flo: purpureo.
II.
Viola martia alba, flo: multiplici albo.
I.
Viola martia purpurea multiplici flore.

008

Plate 20

Ⅰ. AJUGA REPTANS
아주가(서양조개나물) | 꿀풀과
Ⅱ. LATHYRUS VERNUS
꽃산새콩 | 콩과
Ⅲ. SILENE DIOICA
붉은장구채 | 석죽과

눈에 띄게 크고 화려하진 않지만 모양과 색이 특이한 꽃을 가진 여러해살이풀들이다. 서양조개나물은 토종 조개나물과 달리 줄기와 잎에 털이 없으며 꽃도 크고 화려하다.
꽃산새콩은 자라면서 꽃의 색이 분홍색에서 진한 푸른색으로 변해 간다.

III
Lychnis Sylvestris.
II.
Orobus Pannonicus.
I
Consolida media.

009

Plate 28

Ⅰ. RANUNCULUS REPENS
기는미나리아재비 | 미나리아재비과
Ⅱ. RANUNCULUS MONTANUS
산미나리아재비 | 미나리아재비과
Ⅲ. RANUNCULUS ACRIS
애기미나리아재비 | 미나리아재비과

산과 들에서 흔히 볼 수 있는 미나리아재비과 식물은 전 세계에 100여 종 이상이 분포한다. 곧게 선 줄기 끝에 노란 꽃이 피며, 약초로 많이 이용한다.

II. Ranunculus Montanus maior flore luteo

I. Ranunculus Hortensis erectus flore simplici luteo.

III. Ranunculus erectus minimus flore pleno luteo prolifero.

010

Plate 30

Ⅰ. **GERANIUM SANGUINEUM**
피뿌리쥐손이 | 쥐손이풀과
Ⅱ. **GERANIUM MACRORRHIZUM**
제라늄 마크로리줌 | 쥐손이풀과
Ⅲ. **GERANIUM TUBEROSUM**
쥐손이풀 | 쥐손이풀과

산과 들에 자생하는 여러해살이풀들이다. 피뿌리쥐손이는 꽃의 색이 강렬하고, 꽃잎의 안쪽에 붉은 줄무늬가 있다. 제라늄 마크로리줌은 암술과 수술이 길게 밖으로 돌출되어 있는 것을 볼 수 있으며, 관상용 또는 약용으로 쓰인다.

Geranium II. Macrorrhizon.

Geranium I. Sanguinarium.

Geranium III. Tuberosum.

011

Plate 32

Ⅰ.Ⅱ. ANEMONE SPEC.
바람꽃(아네모네) | 미나리아재비과

Ⅲ. ANEMONE HORTENSIS
넓은잎바람꽃 | 미나리아재비과

Ⅳ. ANEMONE PALMATA
단풍잎바람꽃 | 미나리아재비과

이른 봄에 꽃이 피는 바람꽃 종류는 꽃이 화려하고 꽃잎 색이 다양하다. 과거에는 약재로도 쓰였고, 오늘날에는 많은 개량종이 나와 대표적인 정원 식물로 이용되고 있다.

IIII
Anemone hortensis latifolia flore
flavo duplicato
II
Anemone hortensis flore pleno cocci
neo variegata latifolia
I
Anemone flore multiplici
coccineo colore tenuifolia.
III
Anemone simplex latifolia dilute
pupurascens

012

Plate 37

Ⅰ.Ⅱ.Ⅲ. HYACINTHUS ORIENTALIS

히아신스 | 백합과

Ⅳ. SCILLA BIFOLIA

실라 비폴리아(비폴리아 무릇) | 백합과

터키, 발칸반도가 원산지인 히아신스는 네덜란드인들이 유럽에 소개한 이후 유럽에서 매우 사랑받는 정원 식물이다. 알뿌리에서 좁고 긴 잎이 올라오고 잎이 없는 줄기에 작은 꽃들이 무리지어 붙어 있다.
실라 비폴리아는 길게 올라온 가는 잎에 작은 별 모양의 꽃들이 붙어 있다.

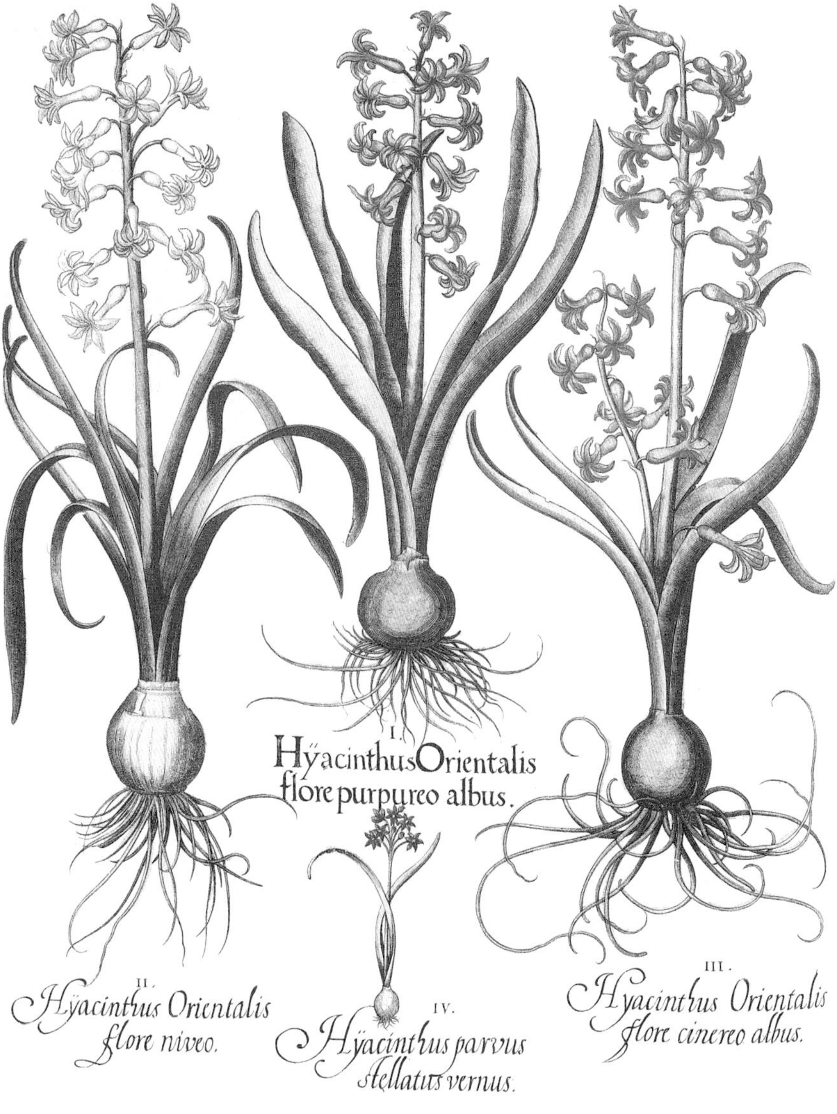
I.
Hÿacinthus Orientalis
flore purpureo albus.
II.
Hÿacinthus Orientalis
flore niveo.
III.
Hyacinthus Orientalis
flore cinereo albus.
IV.
Hÿacinthus parvus
stellatus vernus.

013

Plate 42

Ⅰ. MUSCARI NEGLECTUM
무스카리 네글렉툼 | 백합과
Ⅱ.Ⅲ. MUSCARI MOSCHATUM
무스카리 모스카툼 | 백합과

'무스카리'라는 이름은 '사향musk'에서 유래했다. 긴 꽃대 끝에 보라색 또는 흰색의 작은 꽃들이 조밀하게 붙어 있으며, 꽃 모양이 특이하고 아름다워 관상용으로 재배한다. 뿌리는 식용 또는 약용으로 이용하기도 한다.

III. *Muscari flore obsoleto nigro.*

I. Hÿacinthus Botrÿoides Maior.

II. *Muscari flore obsoleto albo.*

014

Plate 52

Ⅰ.Ⅱ.Ⅲ. NARCISSUS SPEC.

겹수선화 | 수선화과

여러해살이 알뿌리 식물인 수선화는 보통 관상용으로 많이 재배하며, 다양한 원예 품종이 만들어졌다. 수선화의 꽃말인 '자기애自己愛'는 그리스 신화의 나르시스에서 유래했다.

III. *Narciſsus Juncifolius luteus flo: pleno.*

I. Narciſſus maior flore multiplice.

II. *Narciſsus sylveſtris ſtellatus.*

015

Plate 57

Ⅰ. **FRITILLARIA ORIENTALIS**
패모 | 백합과
Ⅱ.Ⅲ. **FRITILLARIA MELEAGRIS**
사두패모 | 백합과

한약재로 많이 이용되는 패모는 길쭉한 잎이 돌려나기로 나 있고, 줄기 끝에 종 모양의 꽃이 아래를 향해 핀다.
'사두패모'는 꽃의 모양이 뱀의 머리를 닮았다 하여 붙은 이름이다.

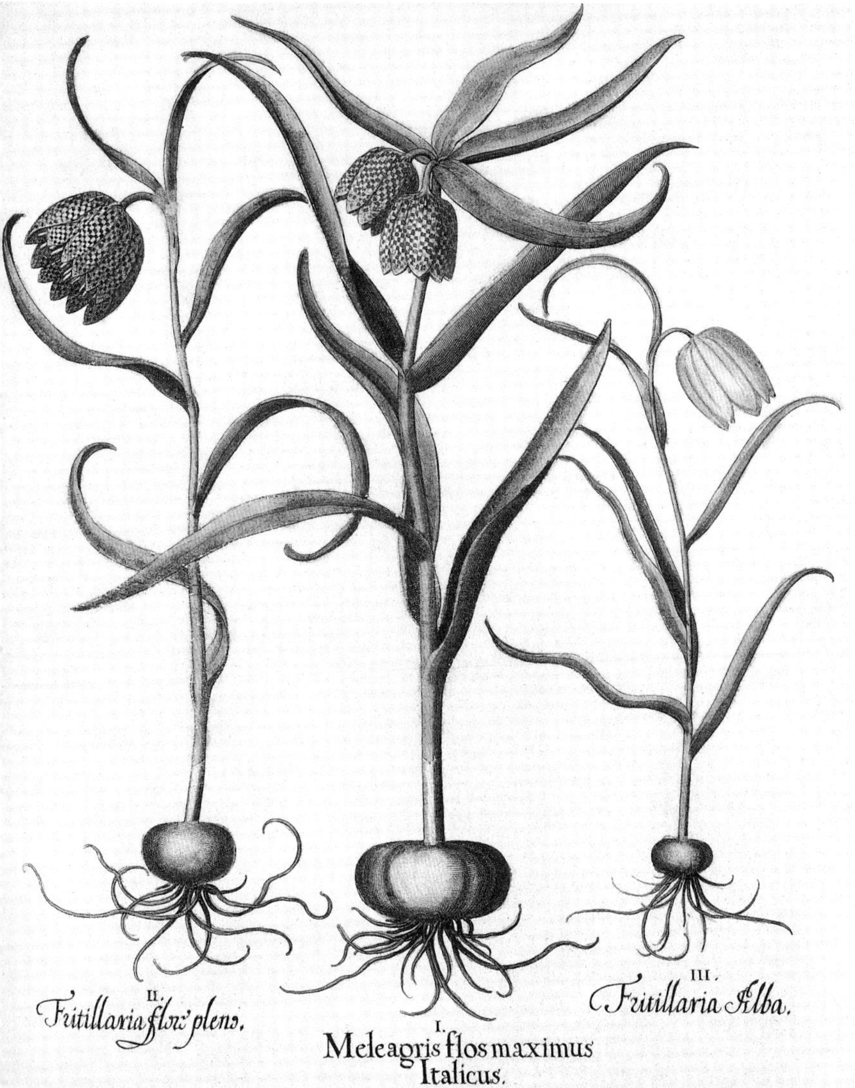

II. Fritillaria flor: pleno.

I. Meleagris flos maximus Italicus.

III. Fritillaria Alba.

016

Plate 65

Ⅰ. PANCRATIUM ILLYRICUM
판크라티움 | 수선화과
Ⅱ.Ⅲ. ANTENNARIA DIOICA
백두산떡쑥(화태떡쑥, 괴쑥) | 국화과

남아메리카 원산의 판크라티움은 향이 강한 통 모양의 하얀 꽃이 줄기 끝에 달려 있어 관상용, 꽃꽂이용으로 많이 재배한다.
백두산떡쑥은 줄기가 흰색 털로 덮여 있고 줄기 끝에 고양이 발을 닮은 작은 꽃이 모여 핀다.

II. Gnaphalium Montanum suave rubens.
Lilio Narcissus Hemero, calli dis facie.
III. Gnaphalium Montanum variegatum.

017

Plate 73

Ⅰ.Ⅱ.Ⅲ.Ⅳ.Ⅴ. **TULIPA SPEC.**

튤립 | 백합과

터키 원산의 튤립은 16세기 후반 유럽 전역으로 전해져 귀족들 사이에 큰 유행을 불러일으켰으며, 다양한 품종으로 개량되었다. 비늘줄기로 번식하며 종 모양의 꽃이 피는데, 꽃의 색과 모양이 다양하다. 베슬러는 다양한 색과 모양, 크기의 튤립을 13개의 도판에 나누어 그렸다.

Tulipa purpurea calice
pallescente.
IV.
Tulipa ex pallido tota vi,,
rescens.
III.
Tulipa sulphureo co,,
lore pallescentibus, lituris pro,,
pe apices roseis flammiformib.
II.
Tulipa florib, reflexis, inferi,,
miniatis, exterius herbaceis
margine ex cinnabari ru,,
Tulipa niuei coloris, o
ris rubeo purpurascen

018

Plate 79

Ⅰ. TULIPA SPEC.
튤립 | 백합과
Ⅱ. ALLIUM MOLY
알리움 몰리 | 백합과
Ⅲ. ALLIUM VICTORIALIS
산마늘(명이나물) | 백합과

'황금 마늘Golden garlic'이라고도 부르는 알리움 몰리는 지중해 연안에 분포하며 길쭉한 잎 사이로 긴 꽃대가 나와 노란 꽃이 공 모양으로 모여 있다.
산마늘은 흔히 '명이나물'이라 부르는데, 잎이 넓고 크며 식용으로 이용한다.

III. Victorialis longa.

I. Tulipa Serotina stellata.

II. Molÿ latifolium flore flavo.

019

Plate 80

Ⅰ. **FRITILLARIA IMPERIALIS**
왕패모 | 백합과

화려한 꽃 모양이 황제의 왕관을 연상시키는 왕패모는 이란, 아프가니스탄, 파키스탄 등 서부 히말라야 지역이 원산지이다. 주로 관상용으로 재배하며, 화려한 꽃 모양과 달리 독특한 냄새로 인해 들쥐 같은 작은 동물을 퇴치하는 데 유용하게 쓰인다.

Corona Imperialis
Polyanthos.

020

Plate 85

Ⅰ.Ⅱ. LILIUM BULBIFERUM SSP. CROCEUM

불꽃나리 | 백합과

많은 비늘잎이 모여 알뿌리를 이루는 백합은 관상용, 식용, 약용, 화장품 원료 등으로 쓰인다. 'BULBIFERUM'은 이 식물이 알뿌리를 가지고 있음을 의미한다.

II.

Lilium purpureum maius Do-donei.

I.

Scapus cum bulbo.

021

Plate 96

Ⅰ. ROSA CENTIFOLIA
캐비지로즈(프로방스로즈) | 장미과
Ⅱ. ROSA GALLICA OFFICINALIS-VERSICOLOR
프랑스로즈 | 장미과
Ⅲ. ROSA GALLICA OFFICINALIS
프랑스로즈 | 장미과
Ⅳ. ROSA HEMISPHAERICA
유황장미 | 장미과

동서양에서 모두 사랑받는 장미는 꽃의 모양과 색상, 향기 등이 매우 다채롭다. 다양한 현대 장미는 유럽에 소개된 아시아 원산의 야생 장미와 유럽의 장미를 교배해서 만든 개량종들이다. 관상용으로 많이 재배하며 향수, 화장품의 원료로도 쓰인다.

IV.
Rosa provincialis flore albo.

III.
Rosa Milesia flore rubro pleno.

II.
Rosa alba flore simplici.

I.
Rosa flore albo pleno.

022

Plate 101

Ⅰ. PAEONIA OFFICINALIS

겹작약 | 작약과

Ⅱ. SEMPERVIVUM MONTANUM

몬타눔 상록바위솔 | 돌나물과

일반적인 작약과는 달리, 겹작약은 꽃잎이 겹겹이 둘러싸고 있으며 꽃이 화려하고 크다. 꽃이 아름다워 관상용으로 많이 재배한다. 각 꽃잎 사이의 명암을 세세하게 신경 써서 채색했기 때문에 그림에서 풍부함이 드러난다.

바위솔은 보통 산지의 바위에 붙어서 자란다.

II. ...minus flore rubente. I. Pœonia polyanthos flore rubro.

023

Plate 107

Ⅰ.Ⅱ.Ⅲ. **PAEONIA PEREGRINA**

퍼레그리나작약 | 작약과

Ⅵ.Ⅴ. **BORAGO OFFICINALIS**

보리지 | 지치과

퍼레그리나작약은 야생의 붉은 작약이다.

보라색 별 모양의 꽃이 피는 보리지는 지중해 원산의 허브로 잎과 꽃, 줄기, 씨앗 등을 모두 식용·약용으로 이용하며 오랜 옛날부터 이뇨제와 발한제發汗劑로 사용하였다.

V.
Borago flore cœruleo.
IIII.
Borago flore albo.
II.
Pæonia Bizanthina Minor.
I.
Pæonia Bizanthina Maior.
III.
Pæonia pumilis

024

Plate III

Ⅰ.Ⅱ. **NYMPHAEA ALBA**

수련 | 수련과

Ⅲ. **NUPHAR LUTEA**

개연꽃 | 수련과

수련과 개연꽃은 다년생 수생 식물로, 커다란 잎이 물 표면에 떠 있고 길게 올라온 꽃대에 한 송이씩 꽃이 핀다. 모네의 그림에 자주 등장하는 수련은 꽃잎이 많고 화려하다.

개연꽃은 노란색의 꽃이 피며, 열매는 물속에서 성숙한다. 관상용 또는 약용으로 쓰인다.

III.
Nÿmphæa lutea.
II.
Nÿmphæa alba minor.
I.
Nÿmphæa alba maior.

025

Plate 112

Ⅰ.Ⅱ.Ⅲ. **BELLIS PERENNIS**

데이지 | 국화과

Ⅳ.Ⅴ. **PRIMULA FARINOSA**

서양설앵초 | 앵초과

데이지는 유럽 원산의 여러해살이풀로, 화단을 장식하는 관상용 식물로 많이 이용한다. 르네상스의 대표적인 화가 산드로 보티첼리Sandro Botticelli(1445?~1510)가 1484년경에 그린 〈비너스의 탄생〉에서 봄의 여신이 갓 태어난 비너스에게 입혀 주는 망토에 그려진 꽃이 바로 데이지이다.

서양설앵초는 가운데 솟은 꽃대에 작은 꽃이 모여서 피며 잎의 뒷면과 꽃대가 짙은 색 가루로 덮여 있다.

IV.
Primula Veris Angustifolia
Primula Veris Angustifolia alba.
I.
Bellis prolifera variegata.
II.
Bellis minor flo: multiplici rubra.
III.
Bellis minor multiplici flo: alba

026

Plate 115

Ⅰ. **CENTAUREA CYANUS**
수레국화(콘플라워) | 국화과
Ⅱ.Ⅲ.Ⅳ.Ⅴ.Ⅵ.Ⅶ. **CENTAUREA SPEC.**
수레국화(냅위드) | 국화과

유럽 원산의 수레국화는 일반 국화와 달리 꽃잎 모양이 독특하여 '독일국화'라고도 부른다. 품종에 따라 푸른색, 붉은색, 노란색, 흰색 등으로 꽃 색이 다양하며, 말린 꽃잎은 허브 또는 약용으로 이용한다.

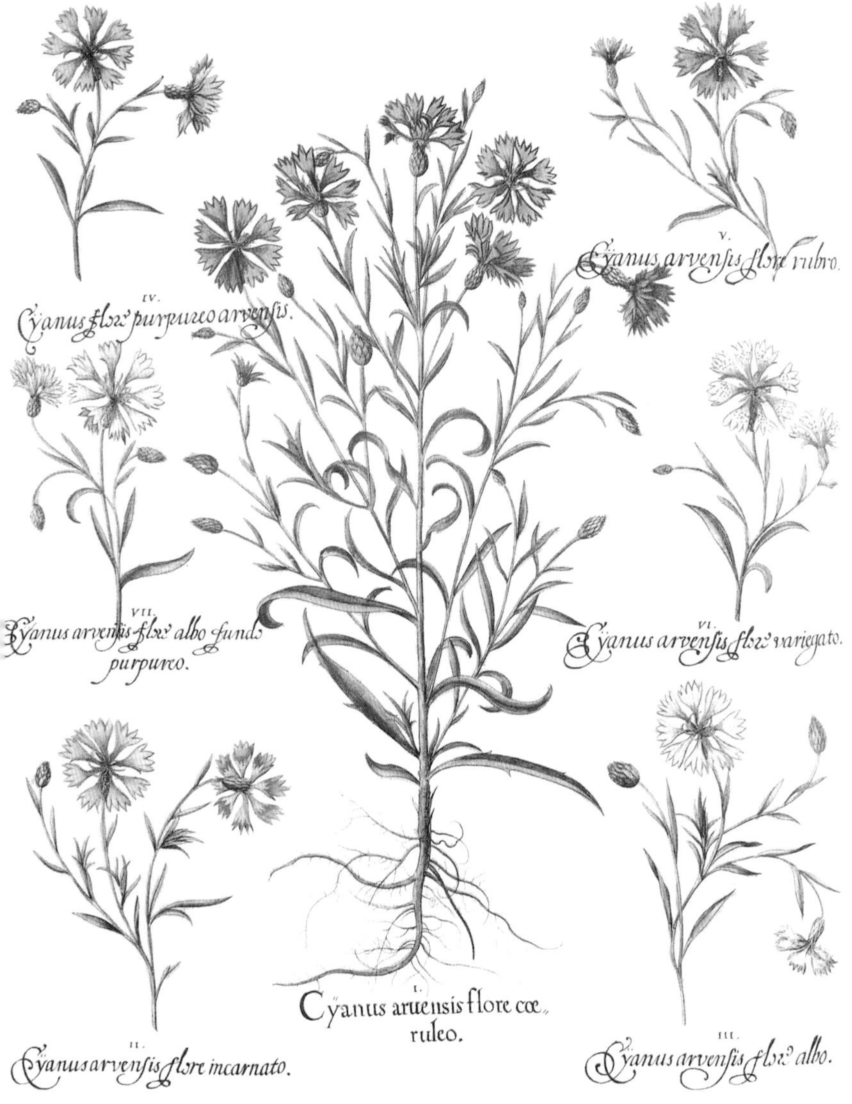
IV.
Cyanus flore purpureo arvensis.
V.
Cyanus arvensis flore rubro.
VII.
Cyanus arvensis flore albo fundo purpureo.
VI.
Cyanus arvensis flore variegato.
I.
Cyanus aruensis flore cœruleo.
II.
Cyanus arvensis flore incarnato.
III.
Cyanus arvensis flore albo.

027

Plate 116

Ⅰ.Ⅱ.Ⅲ. **FRAGARIA SPEC.**

딸기 | 장미과

야생 딸기는 아주 오래 전 인류가 채집 생활을 할 때부터 이용한 것으로 보인다. 현재 우리가 먹는 열매가 큰 딸기는 200여 년 전부터 인위적으로 개량된 품종이다. 드물지만 흰색 열매를 맺는 품종도 있다.

I.
Fraga fructu magno.
II.
Fraga fructu albo.
III.
Fraga fructu rubro.

028

Plate 117

Ⅰ.Ⅱ.Ⅲ.Ⅳ. **IRIS PUMILA**

각시수염붓꽃(서양창포) | 붓꽃과

'붓꽃iris'은 그리스어로 '무지개'를 뜻할 만큼 꽃 색이 다양하여 프랑스 왕실을 상징하는 문장으로 사용하기도 했다. 꽃이 아름답고 향이 좋아 관상용, 꽃꽂이 등에 많이 이용되며, 향수의 원료로도 쓰인다. 각시수염붓꽃은 키가 작아 '난쟁이붓꽃'이라고도 부른다.

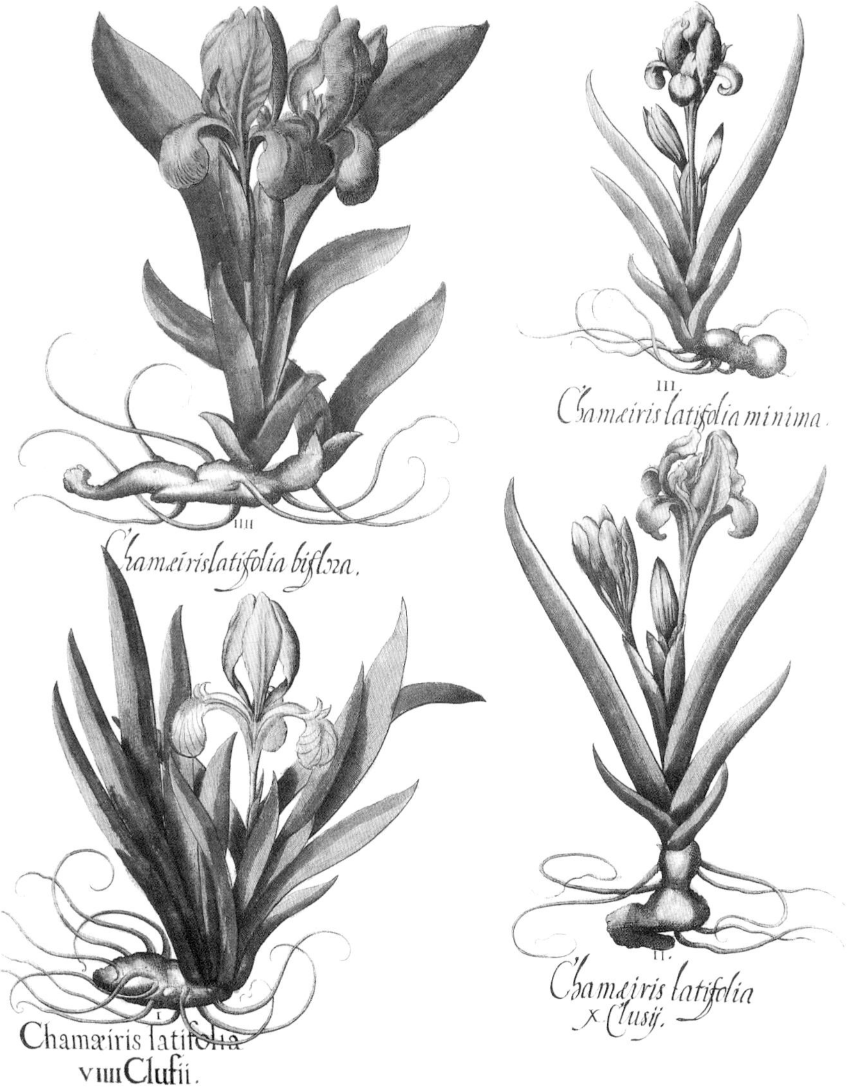
IIII
Chamæiris latifolia biflora.
III.
Chamæiris latifolia minima.
I
Chamæiris latifolia
VIIII Clusii.
II.
Chamæiris latifolia
X. Clusij.

029

Plate 121

Ⅰ.Ⅱ.Ⅲ. **IRIS GERMANICA**

독일붓꽃 | 붓꽃과

뿌리줄기를 가지고 있는 독일붓꽃은 꽃의 크기가 커서 정원을 풍성하게 만들어 준다. 자주색의 바깥쪽 꽃잎은 아래로 처져 있는 반면, 안쪽 꽃잎은 돔 모양으로 곧게 서 있다.

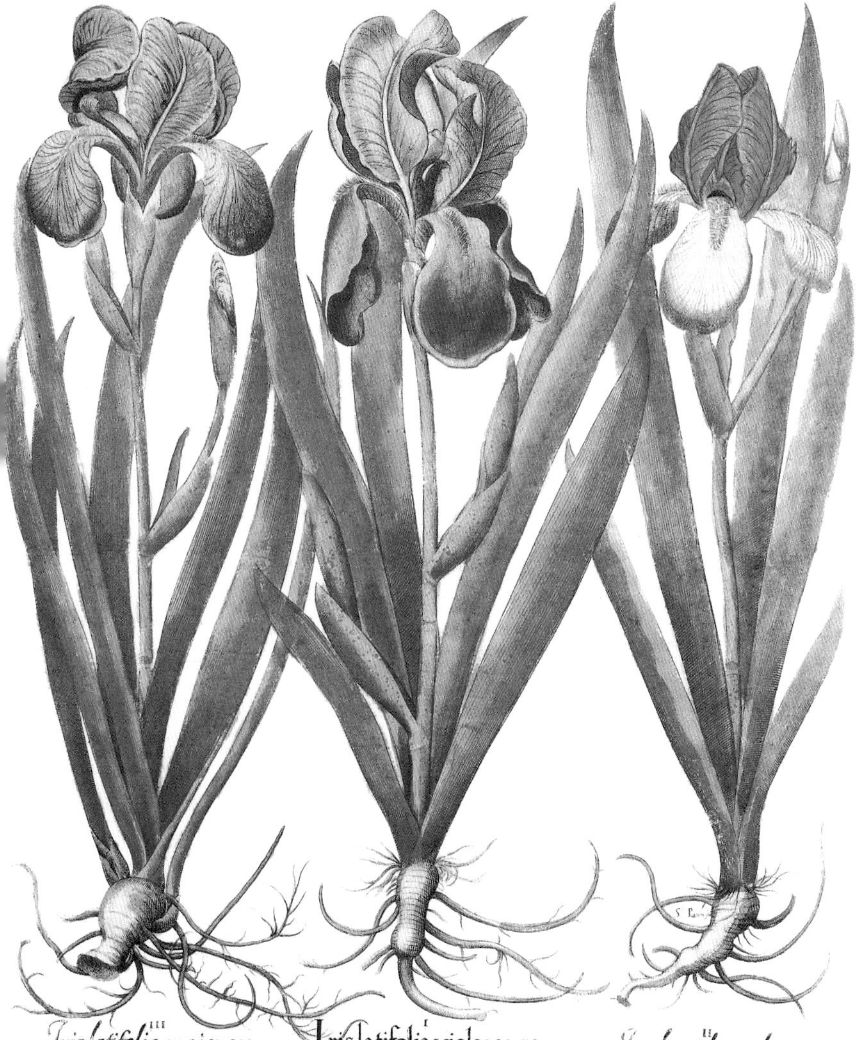

Iris latifolia III maior variegata.

Iris latifolia I violaceo colore maior.

Iris latifolia II vulgaris cœrulea.

030

Plate 125

Ⅰ. ACORUS CALAMUS
창포 | 천남성과
Ⅱ. TEUCRIUM SCORDIUM
곽향(월 저먼더) | 꿀풀과
Ⅲ. TEUCRIUM CHAMAEDRYS
담곽향 | 꿀풀과

습지에 사는 창포는 아시아가 원산지로, 16세기 중반에 유럽으로 전해졌다. 옆으로 뻗은 땅속줄기 마디에서 수염뿌리가 나오며, 눈에 잘 띄지 않는 황색 꽃이 꽃대 끝에 빽빽이 모여서 핀다.
곽향은 남유럽, 중동 원산의 허브로, 곧게 자라며 몸 전체에 털이 있다. 둘 다 향이 강하며 약재로 사용한다.

III. Chamædrys. I. Acorus cum suo iulo. II. Scordium

031

Plate 126

Ⅰ. MANDRAGORA AUTUMNALIS
맨드레이크(합환채) | 가지과
Ⅱ. RANUNCULUS FICARIA
라넌큘러스 피카리아 | 미나리아재비과

지중해 원산의 여러해살이 식물인 맨드레이크mandrake는 뿌리가 사람의 모습과 비슷하게 생겼다. 오랫동안 사람들은 땅에서 맨드레이크를 뽑으면 뿌리에서 끔찍한 비명 소리가 흘러나오고, 그 소리를 들은 사람은 죽는다고 믿었다. 고대로부터 'love-apple'이라 부르며 성과 관련된 효능이 있다고 믿었고, 마취제나 진정제 등으로도 사용하였다.
라넌큘러스 피카리아는 유럽 원산으로, 이른 봄에 노란 꽃이 핀다. 잎은 심장 모양을 닮았다.

I. Mandragora fœmina.

II. Chelidonium minus.

032

Plate 129

Ⅰ. VINCA MAJOR
빈카 | 협죽도과
Ⅱ. LONICERA CAPRIFOLIUM
이탈리아인동(붉은인동) | 인동과
Ⅲ. LONICERA PERICLYMENUM
더치인동 | 인동과
Ⅵ. BUTOMUS UMBELLATUS
부토무스 움벨라투스(구주꽃골) | 부토마과

마주 난 잎겨드랑이 사이에 청색의 꽃이 피는 빈카는 덩굴성 식물이다.

더치인동과 이탈리아인동도 덩굴성 식물인데, 겨울에도 잎이 떨어지지 않고 견뎌 '인동忍冬'이란 이름이 붙었다.

부토무스 움벨라투스는 부토마과의 유일한 종으로, 습지에서 자라며 향기가 좋다.

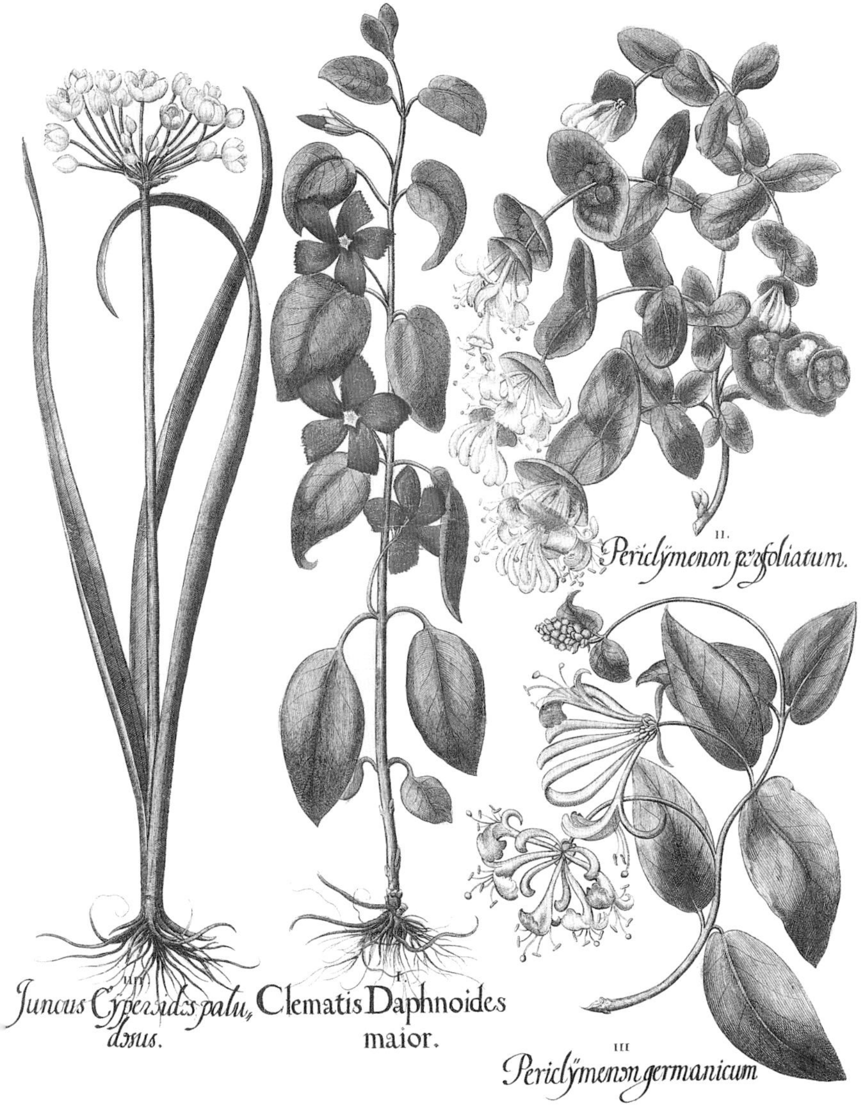
II.
Periclÿmenon perfoliatum.
IIII
Juncus Cyperoides palu-
dosus.
I.
Clematis Daphnoides
maior.
III
Periclÿmenon germanicum

033

Plate 132

Ⅰ. ASPHODELUS RAMOSUS
큰아스포델 | 아스포델라과
Ⅱ. ORCHIS USTULATA
애기가시덤불란 | 난초과
Ⅲ. FUMARIA SPICATA
서양현호색 | 현호색과

그리스 신화에서 이름이 유래한 큰아스포델은 남유럽 원산이며, 잎 사이로 솟은 긴 꽃대에 작은 꽃들이 길게 무리지어 핀다.
애기가시덤불란은 유럽의 육상 난초로, 현재는 희귀종이다.
서양현호색은 잎이 여러 갈래로 갈라지며, 줄기 끝에 흰색 또는 분홍색 꽃이 무리지어 핀다.

II. Cinosorchis flore purpureo. I. Asphodelus maior albus. III. Fumaria rubra tenuifolia.

034

Plate 133

Ⅰ. HEMEROCALLIS FULVA

원추리 | 백합과

Ⅱ. SENECIO DORIA

금방망이 | 국화과

부채 모양으로 펼쳐진 길쭉한 잎 사이로 꽃대가 나와 주황색 꽃이 피는 원추리는 동아시아 원산이며 뿌리는 한약재로, 연한 잎은 나물로 먹는다.

금방망이는 산지에 많이 분포하는 여러해살이풀로, 길쭉한 잎이 어긋나고 줄기 끝에 노란 꽃들이 핀다.

II. Dorea Narbonensium.

I. Lilium fatuum.

035

Plate 134

Ⅰ.Ⅱ. ASPARAGUS OFFICINALIS
아스파라거스 | 백합과

식용 식물인 아스파라거스는 남유럽 원산이다. 우리가 먹는 부분은 새순 부분이며 순을 자르지 않으면 크게 자란다. 암수딴그루이며 암그루에 빨간 열매가 열린다. 열매는 독성이 있어 먹지 못한다.

I. Asparagus domesticus.
II. Thyrsus Asparagi.

여름
Summer

036

Plate 135

Ⅰ. **THUJA OCCIDENTALIS**
서양측백나무 | 측백나무과
Ⅱ. **PRUNELLA VULGARIS**
꿀풀 | 꿀풀과
Ⅲ. **AJUGA CHAMAEPITYS**
조개나물 | 꿀풀과

북아메리카 원산의 서양측백나무는 가지가 옆으로 퍼지며 암수한그루이다. 목재가 좋아 건축재, 가구재, 토목재 등으로 쓰이며, 잎은 약용 또는 향료 채취용으로 쓰인다.
꿀풀은 줄기 끝에 길게 모여 있는 보라색 꽃이 갈색 꽃받침으로 둘러싸여 있다.
조개나물은 소나무를 닮은 가는 잎과 특이한 냄새가 인상적이다.

II. Prunella Officinarum. I. Arbor Uitæ. III. Chamæpitis Maior.

037

Plate 136

Ⅰ. MELIA AZEDARACH
멀구슬나무 | 멀구슬나무과
Ⅱ.Ⅲ. ACHILLEA MILLEFOLIUM
서양톱풀(야로우) | 국화과

동남아시아 원산의 멀구슬나무는 바닷가에 서식하며 가지 끝에 연보라색의 작은 꽃들이 핀다. 가구재, 악기재 등으로 많이 이용하며 열매의 핵으로 염주를 만든다.
서양톱풀은 고대로부터 병사들의 상처를 지혈하는 데 사용했다고 한다. 톱니 모양의 수많은 잎이 있고, 줄기 끝에 흰색 또는 분홍색의 작은 꽃들이 공 모양으로 모여 있다.

Pſeudoſycomorus. I

Millefolium flore albo. III

Millefolium flore rubro. II

038

Plate 138

Ⅰ. **NERIUM OLEANDES**
서양협죽도(유도화) | 협죽도과
Ⅱ.Ⅲ. **OCIMUM BASILICUM**
바질 | 꿀풀과

서양협죽도는 길쭉한 잎이 돌려 나 있고, 줄기 끝에는 복숭아꽃을 닮은 진분홍색 또는 흰색 꽃이 핀다. 유독 성분이 있어 줄기나 잎을 입에 대거나 접촉하면 안 된다.
열대 아시아 원산의 바질은 향신료, 방향유로 많이 이용하는 허브이다. 줄기 끝에 입술 모양의 작은 꽃들이 돌려 나 있다.

II
Ocimum Indicum viride maius folijs protuberanti, bus.

I
Nerium seu Rhododendron flore albo

III
Ocimum minus angustifolium flore albo

039

Plate 140

Ⅰ. CITRUS AURANTIUM
광귤 | 운향과
Ⅱ. CITRUS MEDICA
유자나무 | 운향과
Ⅲ. CITRUS SINENSIS
당귤나무 | 운향과

운향과에 속하는 세 식물의 열매는 특징이 조금씩 다르다. 광귤의 열매는 쌉쌀하며 주로 마멀레이드 제조에 쓰고, 유자나무 열매는 주로 껍질을 설탕에 절여 제과, 제빵에 이용하며, 당귤나무 열매는 달콤해서 관상용 및 과수로 재배한다.

I.
Poma Aurantia nana dicta.

II.
Mala Medica seu Citria.

III.
Poma Aurantia.

040

Plate 142

Ⅰ. **PUNICA GRANATUM**

석류나무 | 석류나무과

Ⅱ. **PRUNUS CERASIFERA**

케라시페라자두(자엽꽃자두) | 장미과

Ⅲ. **PRUNUS ARMENIACA**

살구나무 | 장미과

이란, 파키스탄, 아프가니스탄이 원산지인 석류나무는 중국을 통해 우리나라에 들어왔다. 끝이 갈라진 종 모양의 빨간 꽃이 피며 정원수나 약용, 식용으로 이용한다.

'미국자두'라고도 부르는 살구나무는 북아메리카가 원산지이다.

I. Balaustia.

II. Prunus Myrobalanus rotundus.

III. Mala Armeniaca.

041

Plate 144

Ⅰ. HIBISCUS SYRIACUS
무궁화 | 아욱과
Ⅱ. ANTHEMIS COTULA
개꽃아재비 | 국화과
Ⅲ. MALCOLMIA MARITIMA
버지니아꽃무 | 십자화과

아시아 원산인 무궁화는 여름에서 늦가을까지 꽃이 계속 이어서 핀다. 꽃의 색은 분홍색, 보라색, 흰색 등으로 다양하다. 개꽃아재비의 원산지는 유라시아와 북아메리카이며, 하나처럼 보이는 꽃 안에 실제로는 여러 개의 꽃이 모여 있다.
버지니아꽃무는 4개의 꽃잎이 십자형으로 이루어져 있다.

III. Viola Marina repens. I. Alcea Syriaca. II. Cotula Fœtida.

042

Plate 148

Ⅰ. **SOLANUM PSEUDOCAPSICUM**

예루살렘체리 | 가지과

Ⅱ. **LINARIA ALPINA**

고산해란초 | 현삼과

예루살렘체리는 남아메리카 원산으로 1600년경 유럽에 전해졌다. 열매가 아름다워 관상용으로 많이 재배한다.
고산해란초는 고산 지대에 사는 여러해살이풀로, 잎은 다육질이며 보라색의 작은 꽃이 핀다.

I. Strich nodendron. II. Linaria Stijriaca.

043

Plate 151

Ⅰ. CENTRANTHUS RUBER

켄트란투스 루베르(서양쥐오줌풀) | 마타리과

Ⅱ.Ⅲ. CAMPANULA MEDIUM

캄파눌라 | 초롱꽃과

유럽, 북아시아 원산인 켄트라투스 루베르는 고대로부터 진통제로 사용한 허브이다. 긴 줄기에 잎이 마주나 있고 줄기 끝에 흰색 또는 분홍색의 작은 꽃이 공 모양으로 붙어 있다. 흰색, 분홍색, 푸른색 등의 작은 종 모양 꽃이 피는 캄파눌라는 남유럽이 원산지이다.

III. Medium flore cœruleo.

I Valeriana Rubra.

II. Medium flore albo.

044

Plate 159

Ⅰ. **DELPHINIUM ELATUM**
델피니움 엘라툼 | 미나리아재비과
Ⅱ. **ACONITUM VULPARIA**
아코니툼 불파리아(투구꽃) | 미나리아재비과

델피니움 엘라툼은 손바닥 모양의 잎이 어긋난 채 달려 있고, 길게 올라온 줄기 끝에 고깔 모양의 꽃들이 길게 모여 있다. 아코니툼 불파리아는 꽃이 로마 병정의 투구를 연상시켜 '투구꽃'이라고도 부른다.

I. Aconitum Lycocto, num flore Delphinij.

II. Aconitum Lycoctonum flore luteo.

045

Plate 166

Ⅰ.Ⅱ.Ⅲ. MATTHIOLA INCANA
스토크(비단향꽃무) | 십자화과

지중해 원산의 한해살이풀로 좁고 긴 잎에 흰 털이 나 있고 분홍색, 보라색, 흰색, 연노랑색 등의 꽃이 줄기 위쪽에 길게 모여 있다. 향기가 좋아 꽃꽂이나 드라이플라워를 만드는 데 많이 활용한다.

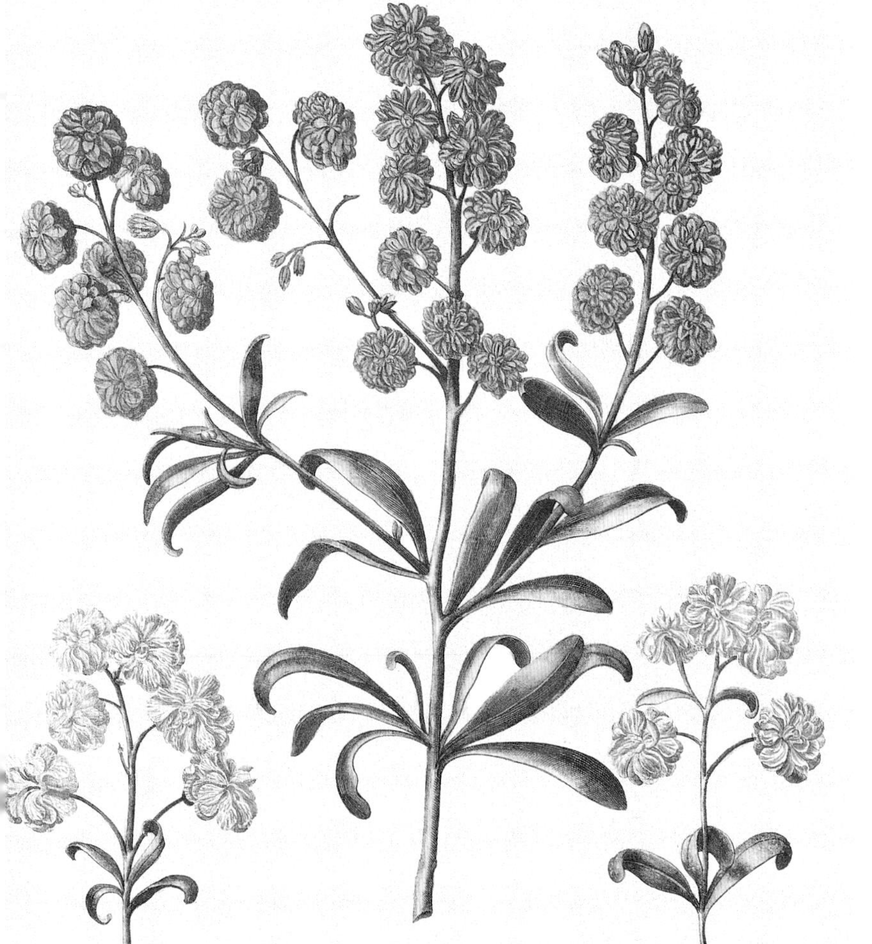

III. Leucoium pleno flore album sanguineis maculis signatum.

I. Leucoium purpureum variegatum flore pleno.

II. Leucoium pleno flore album purpureis maculis signatum.

046

Plate 169

Ⅰ.Ⅱ.Ⅲ. **CHEIRANTHUS CHEIRI**
꽃무 | 십자화과

유럽 남부의 절벽이나 풀밭에 자생하는 식물로 벽 틈에서 자라 'wallflower'라고도 불린다. 4장의 꽃잎을 가진 꽃들이 줄기 위쪽에 무리 지어 핀다. 꽃 색이 다양하고 향기가 있어 관상용으로 많이 재배한다.

Flos Cheyri II. simplex medius.
Flos Cheyri I maximus Eystettensis.
Flos Cheyri III. simplex minor.

047

Plate 171

Ⅰ.Ⅱ.Ⅲ. AQUILEGIA VULGARIS

새매발톱꽃 | 미나리아재비과

'새매발톱꽃'은 줄기 끝에 달린 꽃이 아래로 향한 모습이 매의 발톱과 닮았다 하여 붙은 이름이다. 유럽 원산이며 과거에는 약초로 많이 쓰였다. 보라색, 파란색, 분홍색, 흰색 등 여러 가지 색이 있으며, 관상용으로 많이 쓰인다.

II.
Aquilegia flore pleno purpureo.

Aquilegia stellata flore vio,
laceo.

III
Aquilegia flore pleno incarnato

048

Plate 178

Ⅰ. CONSOLIDA REGALIS
콘솔리다 레갈리스 | 미나리아재비과
Ⅱ.Ⅲ. CONSOLIDA AJACIS
콘솔리다 아자키스 | 미나리아재비과

콘솔리다 레갈리스는 유럽 원산으로, 종달새 발가락을 닮은 갈고리 모양의 꽃이 핀다. 마주난 잎은 여러 갈래로 갈라져 있으며 줄기가 곧고 털이 나 있다. 뿌리가 매우 깊어 가뭄에도 잘 견딘다.

콘솔리다 아자키스는 장식용으로 많이 재배하며, 홑꽃과 겹꽃이 있다.

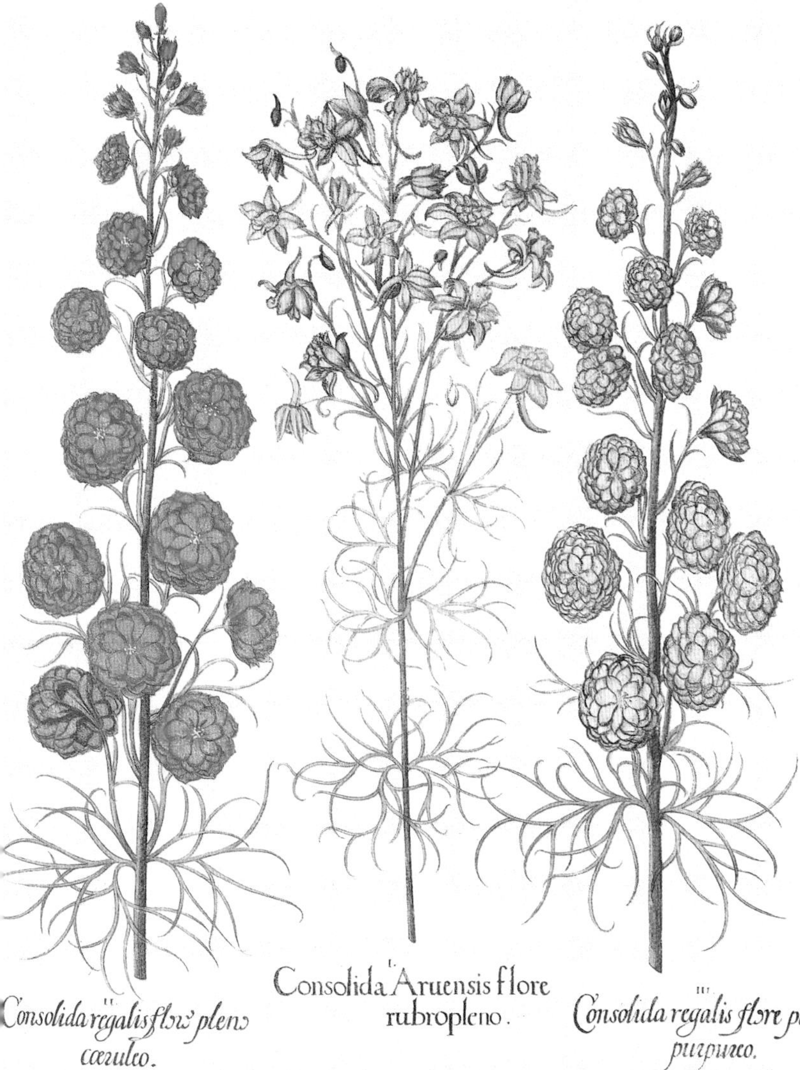

I. Consolida Aruensis flore rubropleno.

II. Consolida regalis flore pleno cæruleo.

III. Consolida regalis flore pleno purpureo.

049

Plate 182

Ⅰ. **LILIUM MARTAGON**
마르타곤나리 | 백합과

유라시아 원산의 마르타곤나리는 줄기 위쪽에 여러 송이의 꽃이 모여 있고, 잎은 아래쪽에 모여 있다. 꽃이 피면서 아래쪽으로 고개를 숙이고 갈라진 꽃잎이 위로 말린다. 이름은 '터번turban'(이슬람교도나 인도인이 머리에 감는 수건)을 뜻하는 터키어에서 유래했다고 한다.

050

Plate 192

I. DRACUNCULUS VULGARIS
드라쿤쿨루스 불가리스 | 천남성과

발칸반도 원산의 드라쿤쿨루스 불가리스는 줄기와 잎에 무늬가 있고 자주색 막대 모양의 긴 꽃대에 꽃자루 없는 꽃들이 매우 많이 모여 있다. 꽃대를 둘러싼 자주색 불염포는 꽃가루를 옮기는 파리를 유인하고 어린 꽃을 보호해 준다. 파리를 유인하기 위해 사체 썩는 냄새를 풍긴다.

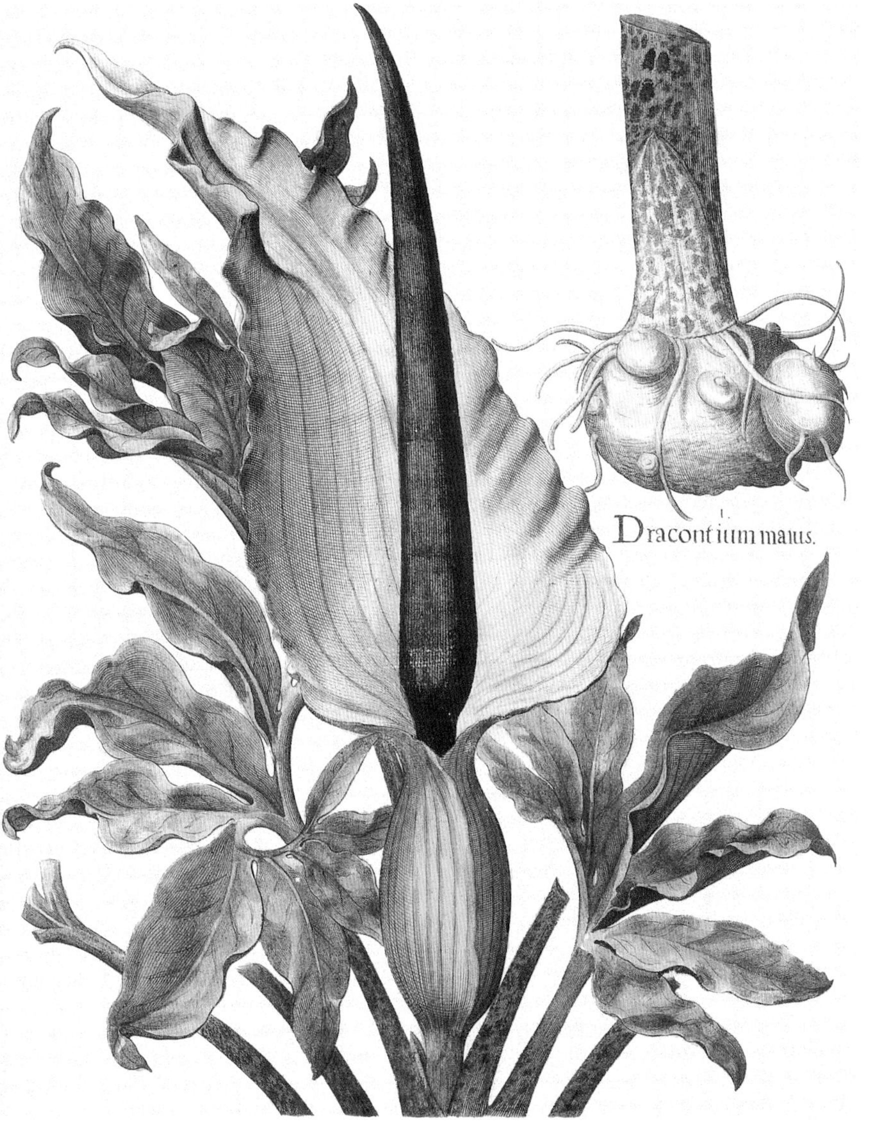

1\.
Dracontium maius.

051

Plate 194

Ⅰ. ARISTOLOCHIA ROTUNDA
쥐방울덩굴 | 쥐방울덩굴과
Ⅱ. ARISTOLOCHIA CLEMATITIS
유럽쥐방울덩굴 | 쥐방울덩굴과
Ⅲ. BUPLEURUM ROTUNDIFOLIUM
둥근잎시호 | 산형과

이 세 식물은 고대로부터 약용 식물로 많이 쓰였다. 쥐방울덩굴과 유럽쥐방울덩굴은 심장 모양의 잎이 어긋나기로 나고 트럼펫 모양의 꽃이 잎겨드랑이에 난다.
둥근잎시호는 둥근 잎이 줄기를 완전히 둘러싸고 있고 줄기 끝에 꽃이 모여 있다.

II. Aristolochia longa vulgaris. I Aristolochia rotunda. III Perfoliata.

052

Plate 202

Ⅰ. **ALLIUM AMPELOPRASUM**

리크(코끼리마늘) | 백합과

Ⅱ.Ⅲ. **IRIS XIPHIUM**

크시피움붓꽃 | 붓꽃과

커다란 구근을 갖는 리크는 기다란 잎 사이로 올라온 꽃대에 보라색의 꽃이 공 모양으로 모여 있다.

스페인, 포르투갈 원산의 크시피움붓꽃은 작은 구근을 갖는 붓꽃 종류로, 향기가 좋고 화려한 색상이 조합된 꽃이 아름다워 관상용으로 재배한다.

III. Iris bulbosa mixta. I. Moly latifolium. II. Iris bulbosa variegata.

053

Plate 203

Ⅰ.Ⅱ.Ⅲ. GLADIOLUS COMMUNIS

글라디올러스 | 붓꽃과

아프리카, 지중해 연안이 원산지인 여러해살이 구근이다. 뿌리에서 올라온 기다란 잎 사이로 뻗은 꽃대에 밑에서부터 위로 꽃이 피어 올라간다. 붉은색, 분홍색, 흰색 등의 꽃이 피며 향기가 강하여 관상용으로 쓰인다.

II. Gladiolus Hispanicus flore albo.

I. Gladiolus Italicus flore rubro.

III. Gladiolus Narbonensis flore incarnato.

054

Plate 204

Ⅰ. **HELIANTHUS ANNUUS**
해바라기 | 국화과

해바라기는 중앙아메리카가 원산지인 한해살이 식물로 16세기에 유럽에 소개되었다. 해바라기 씨는 식용유나 비누의 재료이자 약재로 이용한다. 멀리서 보면 한 송이인 것처럼 보이지만, 실제로 해바라기 꽃 안에는 수많은 작은 꽃들이 모여 있다. 다양한 노란색과 명암 기법을 이용해 작은 꽃 하나하나의 모습까지 드러나도록 세밀하게 채색한 것을 볼 수 있다.

1.
Flos Solis maior.

055

Plate 209

Ⅰ. LEUCANTHEMUM VULGARE
옥스아이데이지 | 국화과
Ⅱ.Ⅲ. CHRYSANTHEMUM CORONARIUM
쑥갓 | 국화과

옥스아이데이지는 유라시아 원산의 여러해살이 식물로 관상용, 식용, 약용으로 두루 쓰인다.
쑥갓은 지중해 연안이 원산지이지만, 동양에서 식용으로 재배하기 시작했다. 잎의 모양은 쑥을 닮았으며, 특유의 향이 있고 줄기 끝에 노란색 또는 흰색의 꽃이 핀다.

II.
Chrysanthemum Creticum luteum.
I
Bellis maior
III.
Chrysanthemum Creticum mixtum.

056

Plate 219

Ⅰ. ALTHAEA OFFICINALIS

머쉬멜로우 | 아욱과

Ⅱ. MALVA ALCEA

큰사향아욱 | 아욱과

머쉬멜로우는 유럽 원산의 허브로 식물 전체가 식용·약용으로 이용된다. 잎의 가장자리가 톱니 모양이며 잎 전체에 부드러운 털이 나 있다.

큰사향아욱은 유럽, 서남아시아 원산으로 주로 관상용으로 쓰인다. 총 5장의 꽃잎을 가진 분홍색 또는 푸른색의 꽃이 핀다.

II. Althæa Fruticans Hispanica.

I. Althæa Vulgaris.

057

Plate 223

Ⅰ.Ⅱ.Ⅲ.Ⅳ.Ⅴ. **ALTHAEA ROSEA**

접시꽃 | 아욱과

원산지가 중국인 접시꽃은 줄기가 곧게 서고 털이 나 있으며, 어긋나기로 붙어 있는 잎겨드랑이에 접시 모양의 꽃이 핀다. 홑꽃, 겹꽃, 다양한 색의 품종이 개발되었으며, 관상용 또는 약용으로 쓰인다.

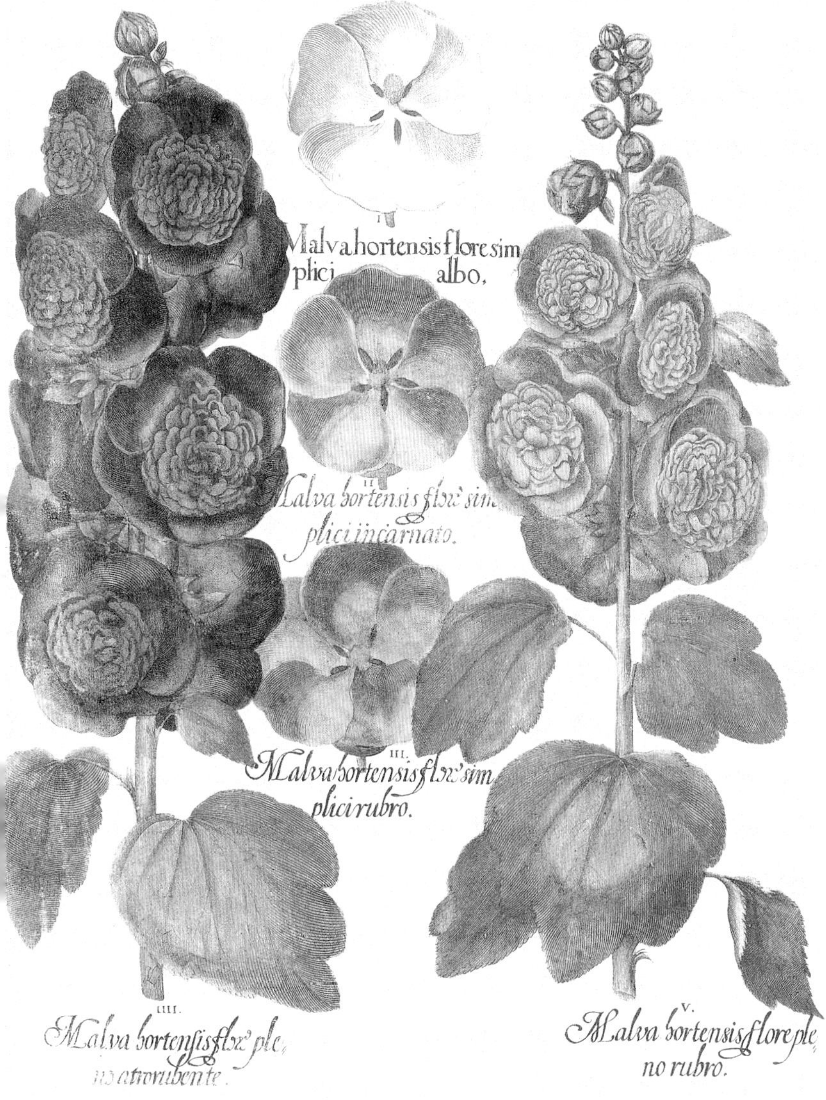
I
Malva hortensis flore sim
plici albo.
II
Malva hortensis flo: sim
plici incarnato.
III.
Malva hortensis flo: sim
plici rubro.
IIII.
Malva hortensis flo: ple,
no atrorubente.
V.
Malva hortensis flore ple,
no rubro.

058

Plate 235

Ⅰ. OCIMUM GRATISSIMUM
아프리카바질 | 꿀풀과
Ⅱ. OCIMUM CRISPUM
컬리바질 | 꿀풀과
Ⅲ. OCIMUM MINIMUM
부쉬바질 | 꿀풀과

바질은 인도, 아프리카 원산의 여러해살이 식물로 유럽에는 중세에 들어왔다. 잎을 뜯기만 해도 특유의 향이 나서 향수, 식용, 약용으로 널리 사용하는 허브이다. 아프리카바질은 사람의 키만큼 자라는 관목이며, 부쉬바질은 가지가 많이 갈라진다.

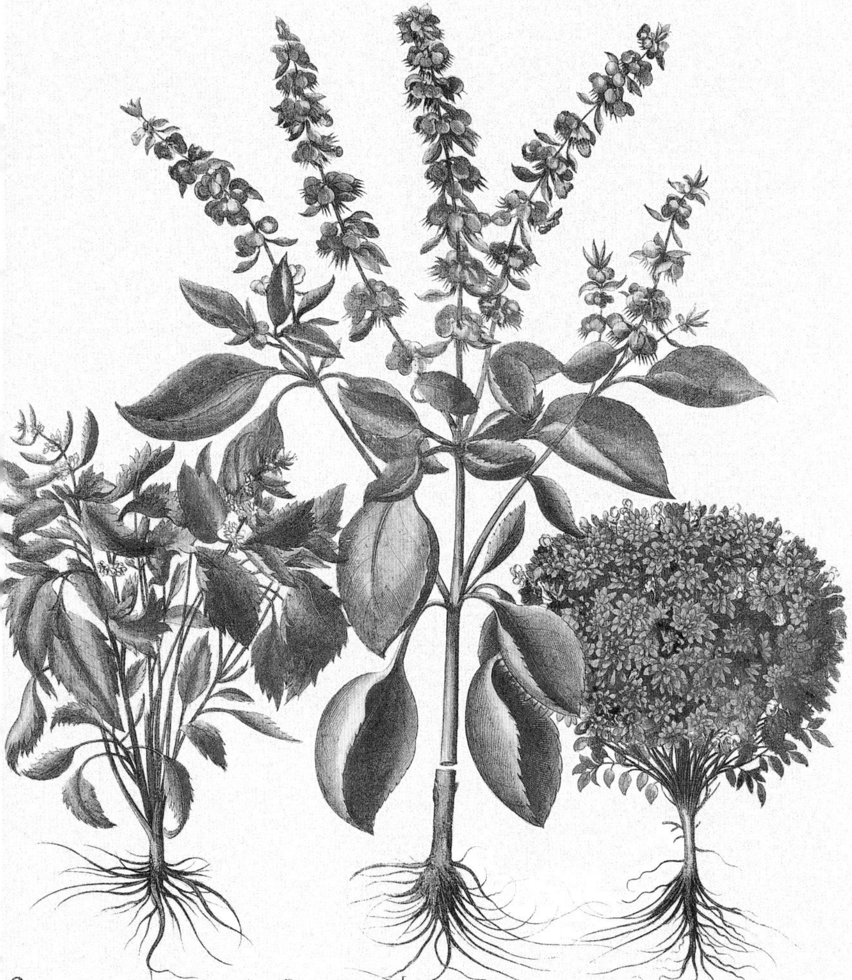

II. Ocimum Crispum viride — I. Ocimum latifolium magnum — III. Ocimum minimum cario-phyllatum

059

Plate 238

Ⅰ.Ⅱ. SALVIA OFFICINALIS

세이지 | 꿀풀과

Ⅲ. SALVIA NEMOROSA

살비아 네모로사 | 꿀풀과

세이지는 고대로부터 약용으로 이용한 허브이다. 남부 유럽 원산으로 보라색, 푸른색, 흰색 등의 꽃이 줄기 윗부분에 피며, 강한 향이 있어 식용, 약용, 향신료로 이용한다. 또 다양한 원예 품종이 나와 관상용으로도 쓰인다.

III. *Salvia minor pinnata.* II. *Salvia Hispanica flo. albo.* I. Salvia maior latifoliis flore cæruleo.

060

Plate 248

Ⅰ. **RICINUS COMMUNIS**
피마자(아주까리) | 대극과
Ⅱ. **GENTIANA PNEUMONANTHE**
갯용담 | 용담과
Ⅲ. **PARNASSIA PALUSTRIS**
물매화 | 범의귀과

피마자는 나무처럼 자라는 여러해살이풀로, 씨에서 추출한 피마자유는 산업용, 약용으로 쓰인다. 붉은색의 암꽃과 노란색의 수꽃이 한 그루에 피며 손바닥 모양의 잎이 줄기 위로 뻗는다.
갯용담은 종 모양의 보라색 꽃이 아름다워 관상용으로 재배하며, 쓸개처럼 쓴맛의 뿌리는 약재로 이용한다.
야생의 습지에 자라는 물매화는 잎과 줄기가 뭉쳐나고 매화처럼 하얀 꽃이 줄기 끝에 하나씩 핀다.

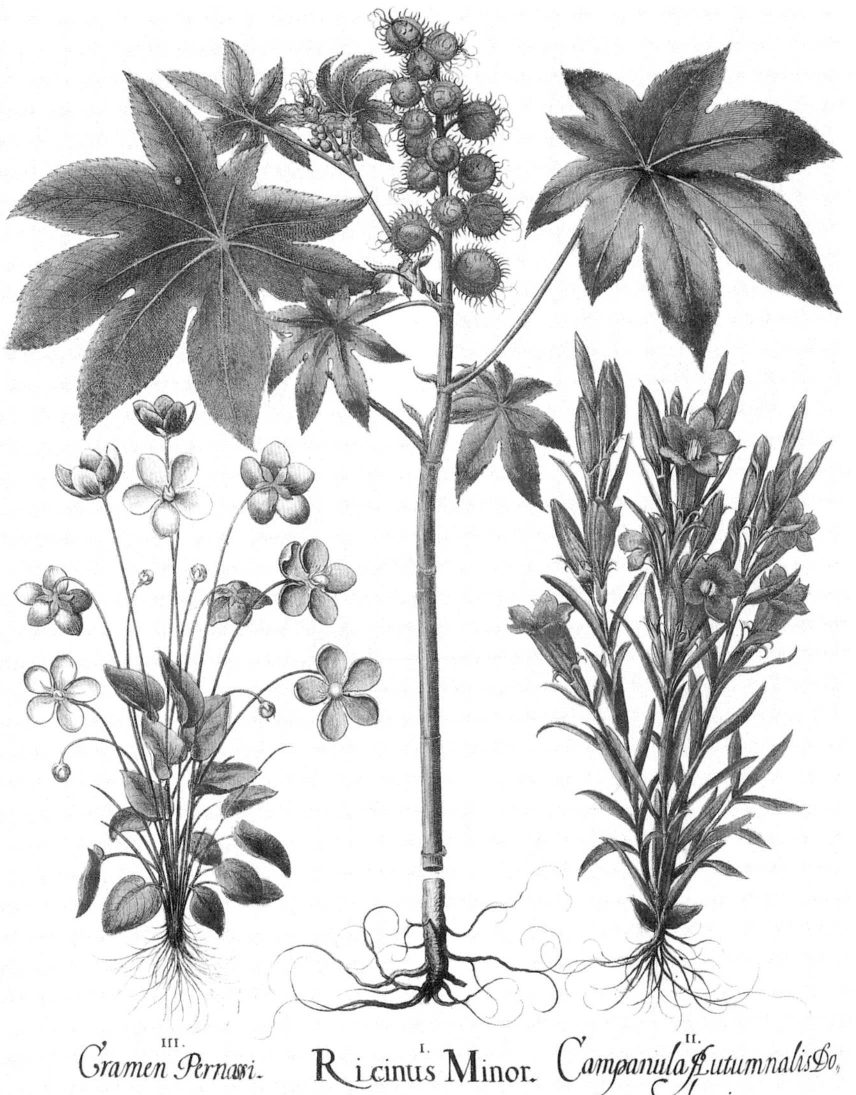

III. Gramen Pernassi. I. Ricinus Minor. II. Campanula Autumnalis Dodonei.

061

Plate 251

Ⅰ.Ⅱ.Ⅲ. LYCHNIS CORONARIA

우단동자꽃 | 석죽과

식물 전체에 흰 솜털이 빽빽이 나 있는 우단동자꽃은 남부 유럽, 서아시아 원산이며 주로 관상용으로 심는다. 잎은 마주나기로 달려 있고, 줄기 끝에 붉은 꽃이 한 송이씩 핀다.

II.
*Lychnis coronaria flore in-
carnato punctata*

I.
Lychnis coronaria flore
rubro pleno.

III.
*Lychnis coronaria flore incar-
nato non punctata.*

062

Plate 256

Ⅰ. **CREPIS RUBRA**
크레피스 루브라(분홍민들레) | 국화과
Ⅱ. **LYCHNIS FLOS-CUCULI**
갈기동자꽃 | 석죽과

남부 유럽 원산의 크레피스 루브라는 민들레를 닮은 분홍색 꽃이 피어 '분홍민들레'라고도 부른다.
숲속의 습지에서 잘 자라는 갈기동자꽃은 뾰족한 잎이 뭉쳐 나고 위로 올라온 줄기가 갈라지며 꽃이 달린다. 꽃잎의 끝이 잘게 갈라져 있다.

II. Odontitis Plinij. I. Condrilla fœtida.

063

Plate 265

Ⅰ.Ⅱ. VERBASCUM BLATTARIA
베르바스쿰 블라타리아 | 현삼과
Ⅲ. VERBASCUM NIGRUM
베르바스쿰 니그룸 | 현삼과

유럽 원산의 여러해살이풀들로 줄기가 가늘고 길게 자라며, 잎은 가장자리에 톱니가 있고 줄기 끝에 꽃들이 길게 모여 붙어 있다. 베르바스쿰 블라타리아는 수술이 나방의 더듬이를 닮아 'moth mullein'이라고 부르며, 베르바스쿰 니그룸은 별 모양의 작은 꽃 속에 자주색 수술이 있다.

II.
Blattaria flo: luteo.
I.
Blattaria flore albo.
III.
Blattaria Plinij, Ver=
bascum nigrum.

064

Plate 269

Ⅰ. **MYAGRUM PERFOLIATUM**

장수냉이 | 십자화과

Ⅱ. **SINAPIS ALBA**

백겨자 | 십자화과

장수냉이는 유럽 원산의 귀화 식물로, 우리나라에서는 인천 장수동 근처에서 처음 채집되어 '장수냉이'라 부른다.
백겨자도 유럽 원산의 식물로, 향신료인 겨자의 원료로 쓰이며 약용으로도 이용된다.

II. Sinapi album

I. Myagrum Hortense Monospermon

065

Plate 275

Ⅰ. **JASMINUM OFFICINALE**
약자스민 | 물푸레나무과
Ⅱ. **JASMINUM FRUTICANS**
하지자스민 | 물푸레나무과
Ⅲ. **ACANTHUS MOLLIS**
아칸투스 몰리스(도깨비망초) | 쥐꼬리망초과

약자스민은 동남아시아 원산으로 향기가 매우 강하며 향수나 차를 만드는 데 이용한다.
스페인 원산의 하지자스민은 '관목자스민'이라고도 부르며 노란색 꽃이 핀다.
남유럽 원산의 아칸투스 몰리스는 꽃이 화려하여 관상용으로 쓰이며, 고대 코린트 건축 양식에서 이 잎 모양이 새겨진 부조물을 발견할 수 있다.

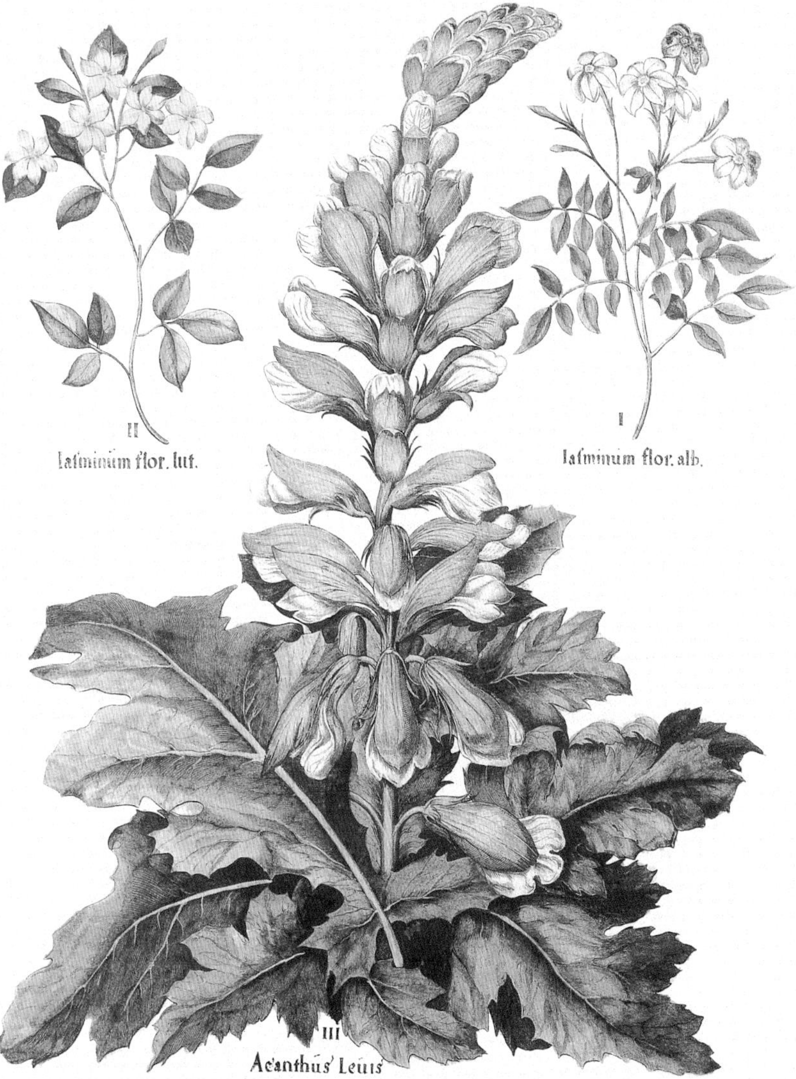
II
Iaſminum flor. lut.
I
Iaſminum flor. alb.
III
Acanthus Leuis

066

Plate 283

Ⅰ. **ERYNGIUM PLANUM**

에린기움 플라눔 | 산형과

Ⅱ.Ⅲ.Ⅳ. **HYSSOPUS OFFICINALIS**

히솝 | 꿀풀과

에린기움 플라눔은 작은 꽃들이 공처럼 모여 솔방울 모양을 하고 있으며, 잎 가장자리에 톱니와 가시가 있다. 관상용으로 이용한다.

중앙아시아, 남유럽 원산의 히솝은 줄기 끝에 흰색, 푸른색, 붉은색 꽃들이 길게 모여 난다. 향기가 강하여 향신료, 화장품 원료 등으로 쓰거나 약용으로 이용한다.

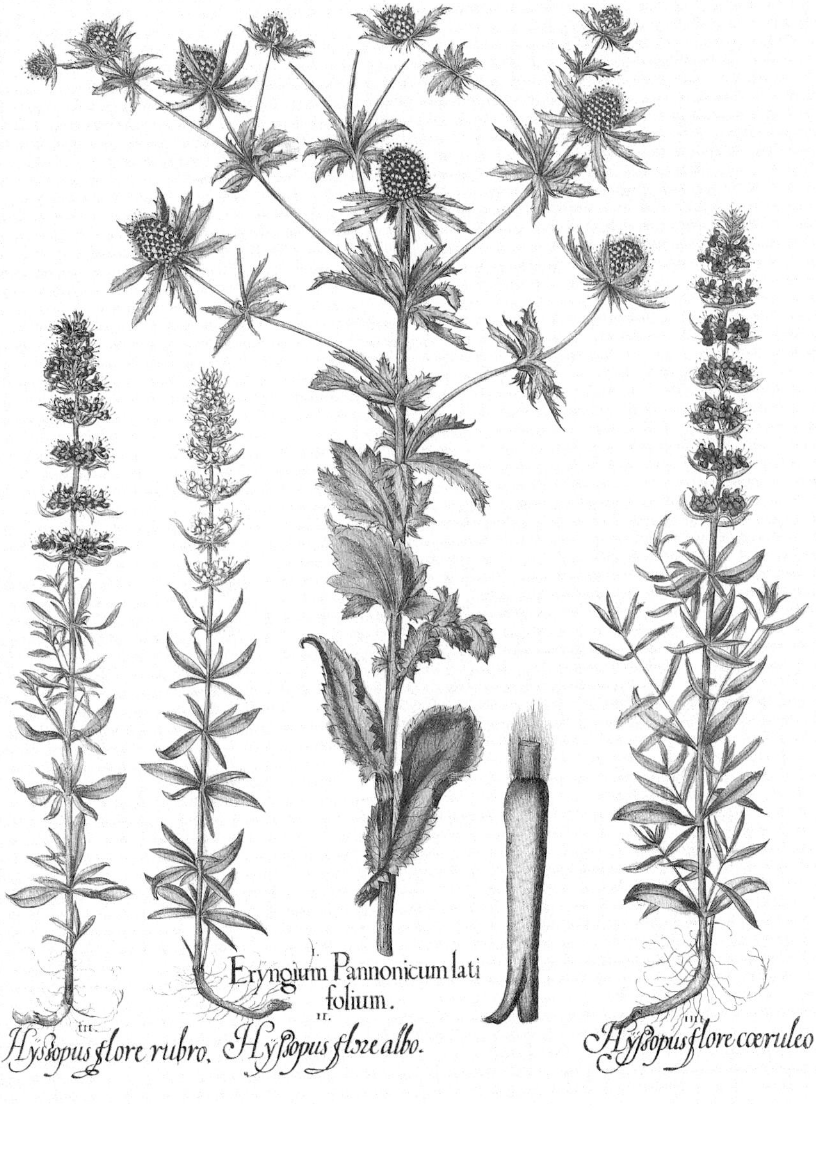
I.
Eryngium Pannonicum lati folium.
II.
Hyssopus flore albo.
III.
Hyssopus flore rubro.
IIII.
Hyssopus flore cœruleo

067

Plate 289

Ⅰ. GLAUCIUM FLAVUM

글라우키움 플라붐 | 양귀비과

Ⅱ.Ⅲ. VIOLA TRICOLOR

팬지(삼색제비꽃) | 제비꽃과

글라우키움 플라붐은 북아메리카와 유럽 원산이며, 정원에서 키우기도 하나 독성이 있다.
팬지는 유럽 원산으로 흰색, 노란색, 자주색, 혼합색의 꽃이 핀다. 화단에 관상용으로 많이 심으며, 다양한 색의 꽃을 가진 개량종들이 있다.

III Flos pallidus — Trinitatis maior

I. Papaver Corniculatum luteum.

II. Flos maior — Trinitatis violaceus.

068

Plate 290

Ⅰ. **PAPAVER SOMNIFERUM**
양귀비 | 양귀비과
Ⅱ. **PAPAVER RHOEAS**
개양귀비 | 양귀비과

아편의 원료로 알려진 양귀비는 아시아 원산의 한해살이 식물로, 붉은색, 자주색, 흰색 꽃이 핀다. 양귀비의 덜 익은 열매에서 나오는 즙액을 말린 것이 바로 아편이며, 우리나라에서는 재배가 금지되어 있다.
개양귀비는 유럽 원산의 원예 품종으로 마약 성분이 없다. 관상용으로 심은 것들은 대부분 개양귀비이다.

I
Papaver flore pleno rubrum.

II.
Papaver Eraticum rubrum.

069

Plate 294

Ⅰ. **TROPAEOLUM MAJUS**
한련화 | 한련과
Ⅱ.Ⅲ. **BELLIS SPEC.**
데이지 | 국화과

한련화는 남아메리카 원산의 허브로, 잎과 꽃이 모두 식용이나 약용으로 쓰인다. 꽃은 방패 모양을, 잎은 투구 모양을 하고 있다. 그림의 한련화는 한련화 종류 가운데 3cm 이하의 작은 꽃이 피는 원예 품종이다.
데이지는 여러해살이풀로, 유럽 원산이며 관상용으로 화단에 많이 심는다.

III
Bellis Sÿlvestris minor
II
Bellis Sÿlvestris
minor
rubro.
Nasturtium Indicum.

070

Plate 299

Ⅰ. COIX LACRYMA-JOBI
염주 | 벼과
Ⅱ. LATHYRUS LATIFOLIUS
숙근스위트피 | 콩과
Ⅲ. LATHYRUS SYLVESTRIS
좁은잎스위트피 | 콩과

식용과 약용으로 쓰는 염주는 동남아시아 원산이며, 잎겨드랑이에 암꽃과 수꽃이 함께 핀다. 화려한 꽃을 가지진 않았지만, 열매가 매우 유용하게 쓰인다.

숙근스위트피와 좁은잎스위트피는 유럽 원산의 덩굴 식물로, 줄기 끝에 서너 개의 꽃이 함께 달린다. 향기가 좋고 꽃이 아름다워 관상용으로 이용하거나 향수의 원료로 쓴다.

III. Lathyris Sylvestris. I. Lachryma Iobi. II. Lathyris Narbonensis

071

Plate 301

Ⅰ. CAMPANULA ROTUNDIFOLIA
캄파눌라 로툰디폴리아 | 초롱꽃과
Ⅱ. PHARBITIS PURPUREA
둥근잎나팔꽃 | 메꽃과
Ⅲ. PHARBITIS NIL
나팔꽃 | 메꽃과

캄파눌라 로툰디폴리아는 작은 종 모양의 꽃이 아래를 향해 핀다.
남아메리카 원산의 둥근잎나팔꽃과 인도 원산의 나팔꽃은 덩굴 식물이며, 나팔 모양의 꽃이 잎겨드랑이에 달린다. 나팔꽃의 잎은 끝이 세 갈래로 나눠진 반면, 둥근잎나팔꽃의 잎은 끝이 둥글다.

I.
Campanula minor sylue,
stris flore cœruleo.
II
onvolvulus Indicus flore
- violaceo
III
Nil Arabum Camerarij

072

Plate 303

Ⅰ. CLEMATIS RECTA

클레마티스 렉타 | 미나리아재비과

Ⅱ.Ⅲ. CLEMATIS VITICELLA

클레마티스 비티켈라 | 미나리아재비과

유럽 원산의 클레마티스 종류는 대부분 덩굴성 식물이지만, 클레마티스 렉타는 다른 식물을 감아 올라가지 않고 곧게 자라는 특성이 있다. 원예 품종으로 다양하게 개량되어 꽃이 커지고 꽃 색도 다양하다.

II. Clematis peregrina purpurea flore pleno.

Flammula recta.

III. Clematis peregrina incarnata plena

073

Plate 305

Ⅰ. TAGETES ERECTA
아프리칸메리골드 | 국화과
Ⅱ.Ⅲ. TAGETES PATULA
프렌치메리골드 | 국화과

남아메리카 원산의 메리골드는 16세기경 아프리카, 유럽 등으로 전해졌다. 꽃의 색과 모양이 화려하며 많은 원예 품종이 있다. 프렌치메리골드는 키가 작은 반면, 아프리칸메리골드는 키가 크다. 식용 또는 약용으로도 이용한다.

II
Caryophyllus Indicus flore luteo simplici minor.

I
Caryophyllus Indicus flore multiplici luteo pleno maior.

III
Caryophyllus Indicus flore aureo simplici minor.

074

Plate 310

Ⅰ. **DIANTHUS CARYOPHYLLUS**
카네이션 | 석죽과
Ⅱ.Ⅲ. **LAVANDULA SPEC.**
라벤더 | 꿀풀과

카네이션은 남유럽, 서아시아 원산으로, 줄기 위쪽의 잎겨드랑이에 꽃이 핀다.
지중해 연안 지역이 원산지인 라벤더는 꽃, 잎, 줄기를 덮고 있는 작은 털들 사이의 기름샘에서 향기가 나는 물질을 분비한다.

II.
Lavendula flore albo.
I
Caryophyllus maximus
plenus flore rubro.
III
Lavendula flore cœruleo.

075

Plate 315

Ⅰ. DIANTHUS CARYOPHYLLUS

카네이션 | 석죽과

Ⅱ.Ⅲ. DIANTHUS PLUMARIUS

해변패랭이꽃 | 석죽과

카네이션은 원예 품종으로 다양하게 개량되어 꽃의 모양과 색이 다양하다.
해변패랭이꽃은 유럽 원산의 여러해살이풀로 꽃잎 가장자리가 가늘게 갈라져 있다. 관상용 또는 약용으로 이용한다.

II
Caryophyllus simplex hortensis versicolor.
I
Caryophyllus plenus miniato colore.
III
Caryophyllus purpureus flore multiplici laciniato.

가을
Autumn

076

Plate 319

Ⅰ. LYCOPERSICON SPEC.
토마토 | 가지과
Ⅱ. CUCUMIS MELO
멜론 | 박과
Ⅲ. CITRULLUS LANATUS
수박 | 박과

수박과 멜론은 아프리카 원산의 한해살이 식물이다. 유럽에는 중세 후반에 전파되었고, 오늘날에는 관상용보다는 식용으로 널리 재배하고 있다.

II. Melo Saccharinus variegatus | I. Poma amoris fructu luteo. | III. Pseudocolocynthis Pomiformis.

077

Plate 320

Ⅰ. LYCOPERSICON ESCULENTUM
토마토 | 가지과

남아메리카 페루 원산으로, 세계 각지에서 재배한다. 우리나라에는 17세기경 중국에서 들어온 것으로 추정된다.

I
Poma amoris fructu
rubro.

078

Plate 321

Ⅰ. **SOLANUM MELONGENA**
가지 | 가지과

인도가 원산지인 가지는 13세기 이후 유럽에 전파되었으며, 품종에 따라 달걀 모양, 긴 모양, 공 모양 등의 열매를 맺는다. 유럽에서 초기에는 주로 관상용으로 재배하였으나, 오늘날에는 유럽 요리에서 매우 중요한 역할을 하고 있다.

Melanzana I fructu pallido.

079

Plate 322

Ⅰ. IMPATIENS BALSAMINA
봉선화 | 봉선화과
Ⅱ.Ⅲ. MOMORDICA BALSAMINA
발삼사과 | 박과

동남아시아가 원산지인 봉선화와 아프리카 열대 지방에 서식하는 발삼사과는 열매가 익어 터지면서 속에 있는 씨가 드러난다.

I.
Balſamina fœmina.
III.
Momordica fructu luteo rubescente.
II.
Balsamina Mas fructu puniceo.

080

Plate 324

Ⅰ.Ⅱ. **CAPSICUM SPEC.**

고추 | 가지과

아메리카 원산이며 독특한 매운 맛 때문에 향신료로 많이 사용한다. 고추를 'pepper'라고 최초로 명명한 사람은 콜럼버스였다.

I
Piper Indicum maxi-
mum longum.

II
Piper Indicum minus
recurvis siliquis.

081

Plate 332

Ⅰ. **CANNA INDICA**
인디언칸나 | 홍초과

열대 아메리카가 원산지인 여러해살이풀로, 전분이 풍부한 뿌리줄기를 가지고 있으며 줄기 위쪽에 붉은 꽃이 달린다.

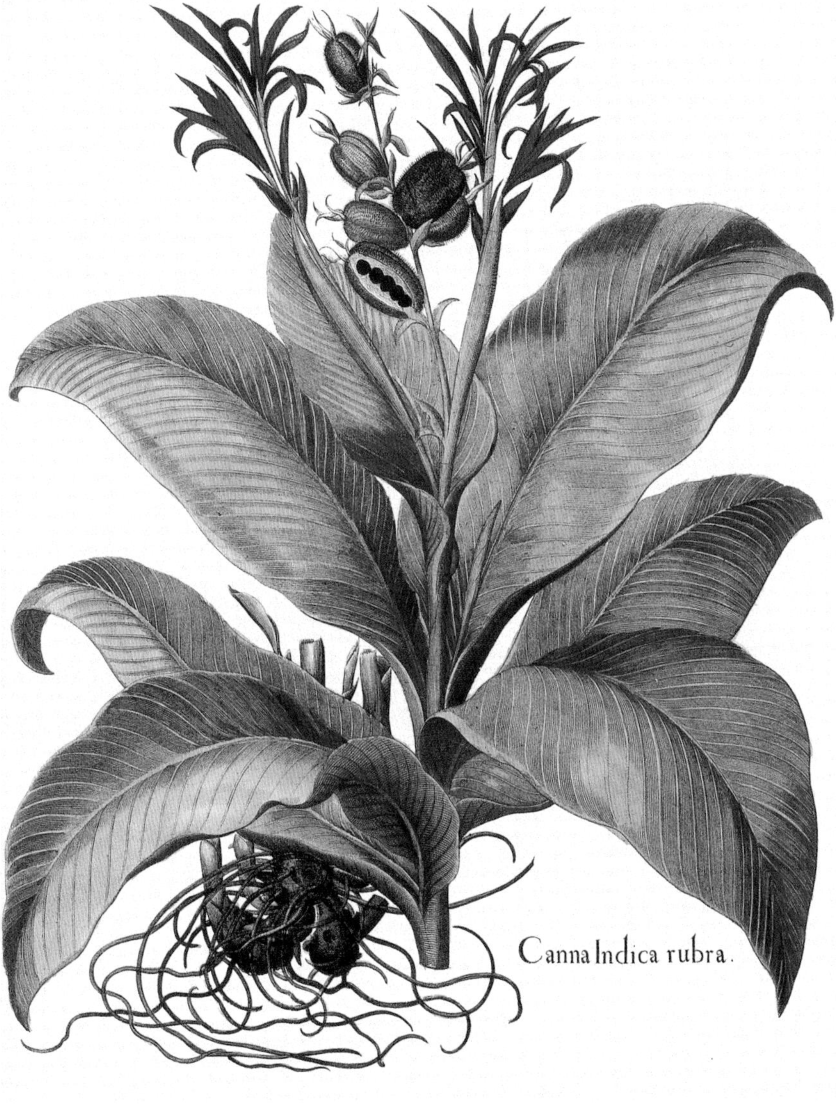

Canna Indica rubra.

082

Plate 335

Ⅰ. **MIRABILIS JALAPA**

분꽃 | 분꽃과

16세기 말, 멕시코와 페루에서 유럽으로 전해졌다. 같은 개체 안에 여러 색의 꽃이 피기 때문에, 처음 유럽에 전해졌을 때 유럽인들은 이 꽃을 경이의 대상으로 여겼다. 종처럼 생긴 붉은색, 노란색, 흰색 부분은 꽃잎이 아니라 꽃받침이다.

I.

Iasminum Indicum, seu flos mi,
rabilis peruanus,

083

Plate 336

Ⅰ. INULA HELENIUM

목향 | 국화과

Ⅱ.Ⅲ. ORIGANUM VULGARE

오레가노 | 꿀풀과

목향은 향기가 좋으며 줄기와 잎에 짧은 흰색 털이 나 있다. 톡 쏘는 박하향의 오레가노는 서양 요리에서 빼놓을 수 없는 향신료이며, 약초로도 이용한다. 둘 다 줄기 끝에 꽃이 핀다.

II
Origanum Onites dictum.
I
Helenium.
III
Origanum vulgare.

084

Plate 337

Ⅰ. **AMARANTHUS TRICOLOR**
색비름 | 비름과

인도, 동남아시아가 원산지인 한해살이풀로, 붉은색 또는 황색의 아름다운 잎이 특징이다. 베슬러는 색비름의 화려한 잎 색깔을 보고 '앵무새의 깃털'이라고 불렀다.

I.
Amaranthus Tricolor.

085

Plate 339

Ⅰ. Ⅱ. **CELOSIA ARGERNTEA**
맨드라미 | 비름과

윗부분이 넓고 주름진 붉은 꽃이 수탉의 볏을 닮았다 하여 'cockscomb'라고 부른다. 인도가 원산지이며, 관상용으로 심는다.

II. Amarantus Cristatus. I. Amarantus Spicatus.

086

Plate 341

Ⅰ. **NICOTIANA TABACUM**
담배 | 가지과
Ⅱ. **VACCINIUM OXYCOCCUS**
넌출월귤 | 진달래과
Ⅲ. **NICOTIANA RUSTICA**
마파초(야생 담배) | 가지과

넌출월귤은 이끼 속이나 산속 습지에 사는 작은 나무로, 가지 끝에 달린 빨간 열매는 '크랜베리'라고 부른다.
남아메리카 원산의 담배는 1520년 경 유럽으로 종자가 유입되었다. 고대 마야 유적을 통해 마야인들이 각종 의례에서 야생 담배를 사용하였음을 알 수 있다.

III. *Nicotiana minor seu Hiosciamus luteus.* II. Oxicoccon seu Vaccinia palustria. I. *Nicotiana maior angustifolia.*

087

Plate 344

Ⅰ.Ⅱ. SORGHUM BICOLOR
수수 | 벼과

아시아 지역이 원산지로 추정되며, 인류가 오랜 옛날부터 여러 지역에서 재배해 온 중요한 식량 자원 가운데 하나이다.

I.
II.
Sorgum fructu rubro.
Sorgo fructu albo.

088

Plate 345

Ⅰ. **SOLANUM TUBEROSUM**

감자 | 가지과

Ⅱ. **THYMUS PULEGIOIDES**

플레기백리향 | 꿀풀과

Ⅲ. **THYMUS VULGARIS**

타임 | 꿀풀과

남아메리카가 원산지인 감자는 오래 전부터 잉카 제국에서 재배되었고, 16세기 중반에 유럽으로 전해졌다. 감자는 아메리카 대륙에서 유럽으로 전해진 가장 중요한 식물 가운데 하나이다.

플레기백리향과 타임은 모두 향이 강한 허브로, 향신료와 약용으로 널리 쓰인다.

II.
Serpillum citratum.
I.
Papas Peruanorum.
III.
Thymus vulgatis.

089

Plate 346

Ⅰ. COLOCASIA ESCULENTA
토란 | 천남성과
Ⅱ. LAGENARIA SPEC.
박 | 박과
Ⅲ. CUCURBITA PEPO
페포호박(색동호박) | 박과

동남아시아가 원산지인 토란은 2천 년 전 이집트에서도 재배하였다고 한다. 독특한 풍미로 인해 뿌리, 줄기, 잎 모두 식용으로 쓰인다.
덩굴 식물인 박과 페포호박의 열매는 섬유질이 풍부하여 식용으로 쓰인다. 그림 속의 토란잎을 들여다보면 표현 기법의 섬세함과 세밀함을 한눈에 알아볼 수 있다.

II. *Pseudocolocynthis pyri forma*

I. Colocasia.

III. *Cucurbita Arantÿ forma.*

090

Plate 347

Ⅰ. CYCLAMEN HEDERIFOLIUM
헤데리폴리움시클라멘 | 앵초과
Ⅱ.Ⅲ. LAVANDULA LATIFOLIA
스파이크라벤더 | 꿀풀과

지중해 연안이 원산지인 식물들이다. 헤데리폴리움시클라멘은 하트 모양의 독특한 잎 모양과 작은 꽃이 아름다워 관상용으로 많이 재배하며, 공기 정화 식물로 알려져 있다.
보라색 또는 흰색의 꽃이 피고 독특한 향을 내는 라벤더는 향신료와 약용으로 쓰인다.

III. Spica vulgaris flore cæruleo. I. Cyclamen Romanum. II. Spica vulgaris flore albo.

091

Plate 350

Ⅰ. LEUCOJUM AUTUMNALE

가을은방울수선(오텀 스노우플레이크) | 수선화과

Ⅱ.Ⅲ.Ⅳ.Ⅴ. COLCHICUM AUTUMNALE

콜키쿰아우툼날레(가을크로커스) | 백합과

유럽 원산의 가을은방울수선은 은방울꽃보다 조금 큰 꽃이 고개를 숙이면서 핀다.
콜키쿰의 씨앗과 구근에서 추출된 '콜히친colchicine' 성분은 식물 육종에 쓰이고 치료약 성분으로도 쓰인다.

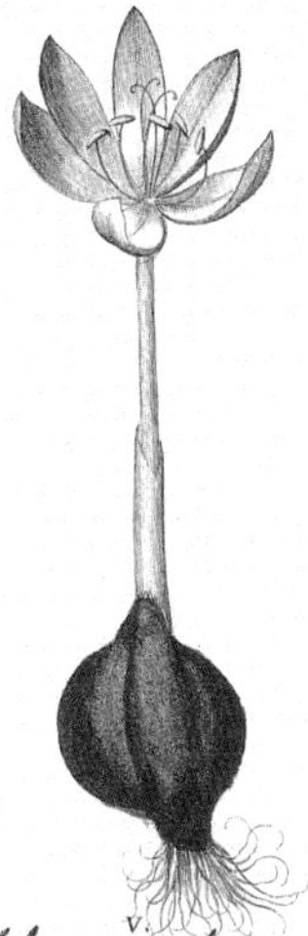

V. Colchicum vulgare purpura-scente flore.

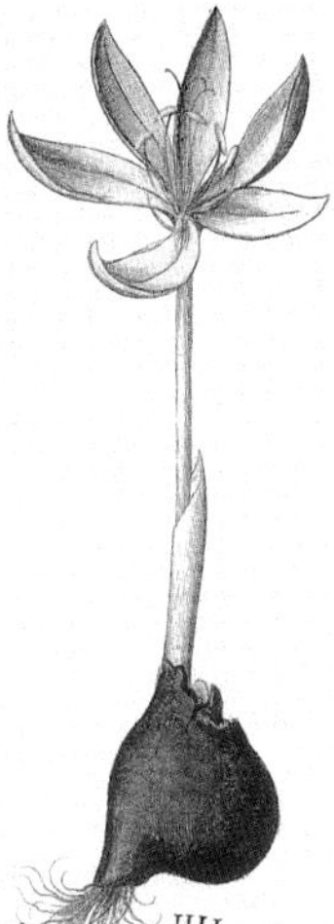

IIII Colchicum vulgare album.

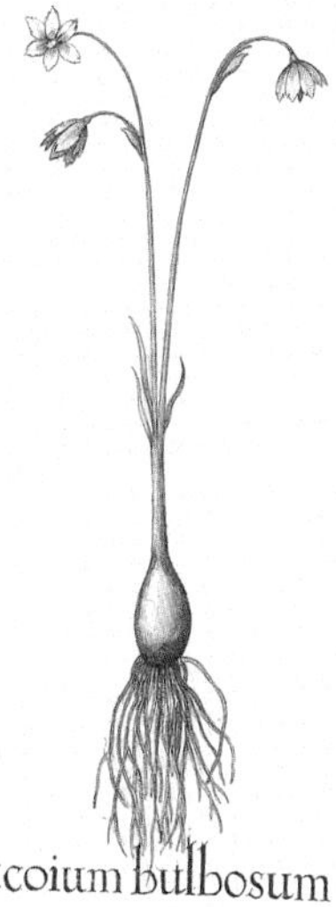

Leucoium bulbosum Autumnale tenuifolium.

II Colchicum vulgare Polyanthos.

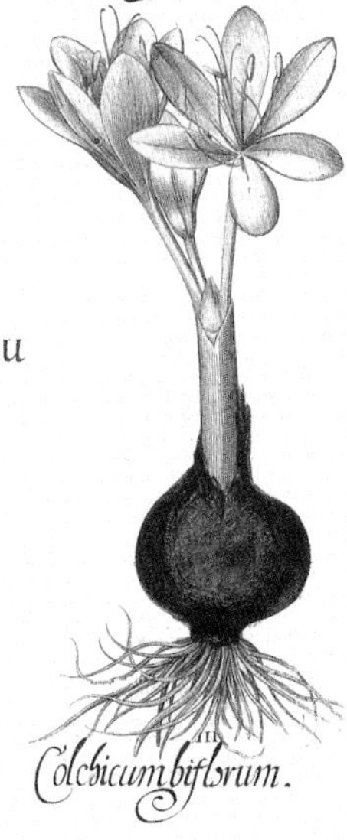

III Colchicum biflorum.

092

Plate 352

Ⅰ. **AEONIUM ARBOREUM**

아이오니움 | 돌나물과

Ⅱ.Ⅲ. COLCHICUM SPEC.

콜키쿰(가을크로커스) | 백합과

다육 식물인 아이오니움은 카나리 제도에서 자생한다.
콜키쿰은 다년생 구근으로, 흰색, 분홍색, 자주색의 꽃이 가을에 피며 열매는 이듬해 봄에 익는다.

III. Colchicum album et rubrum. I. Sedum arborescens. II. Colchicum mixtum Autumnale.

093

Plate 355

Ⅰ. ALOE VERA

알로에 베라 | 백합과

아프리카 원산의 다육 식물인 알로에 베라는 잎에서 채취한 액즙이 식용 또는 약용으로 쓰인다. 잎 가장자리에 날카로운 가시가 있으며, 긴 꽃대가 올라오면 주황색의 꽃이 핀다.

Aloe.

094

Plate 356

Ⅰ. AGAVE AMERICANA

용설란 | 용설란과

멕시코 원산의 용설란은 주로 관상용으로 기르지만, 잎에서 섬유를 채취하기도 하고 수액을 증류시켜 멕시코 고유의 술인 테킬라를 만들기도 한다.

Aloe Americana.

095

Plate 358

Ⅰ.Ⅱ.Ⅲ. CYNARA SCOLYMUS

아티초크 | 국화과

지중해 연안이 원산지로, 바닷가에서 자라며 관상용 또는 식용으로 쓰인다. 꽃자루가 없는 작은 꽃이 모여 머리 모양을 이루는데, 어린 꽃봉오리를 식용으로 사용한다.

II. Cinara Genuensium.

I Cinara maior Boloni-ensis

III Cinara seu Artischochi vulgatis.

096

Plate 360

Ⅰ.Ⅱ.Ⅲ. OPUNTIA FICUS-INDICA
보검선인장(부채선인장) | 선인장과

멕시코 원산의 다육 식물이며 유럽에는 16세기 초반에 전해졌다. 잎처럼 보이는 부분은 줄기이고, 잎은 변형되어 가시가 된다. 붉게 익은 보검선인장 열매를 '인디언무화과'라고 부르기도 한다.

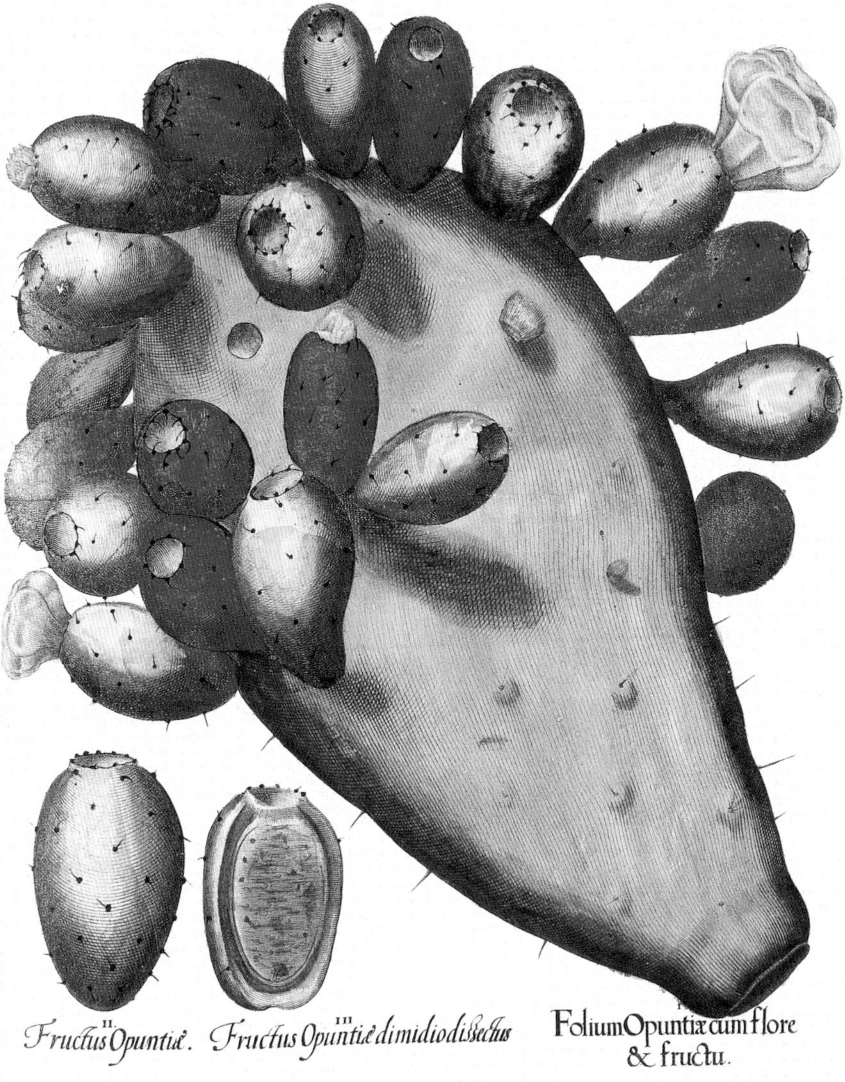

II. Fructus Opuntiæ. III Fructus Opuntiæ dimidio dissectus Folium Opuntiæ cum flore & fructu.

겨울
Winter

097

Plate 361

Ⅰ. **HELLEBORUS NIGER**

헬레보루스 니게르(크리스마스 로스) | 미나리아재비과

Ⅱ.Ⅲ. **GALANTHUS NIVALIS**

설강화(스노우드로우프) | 수선화과

Ⅳ.Ⅴ. **LEUCOJUM VERNUM**

봄은방울수선(스프링 스노우플레이크) | 수선화과

이 식물들은 내한성이 강하여 겨울에서 이른 봄 사이에 꽃이 핀다. 긴 꽃대가 올라와 흰색의 꽃이 아래를 향해 고개를 숙이고 피며, 원산지는 모두 유럽이다. 관상용으로 많이 재배하나 독성이 있어 주의해야 한다.

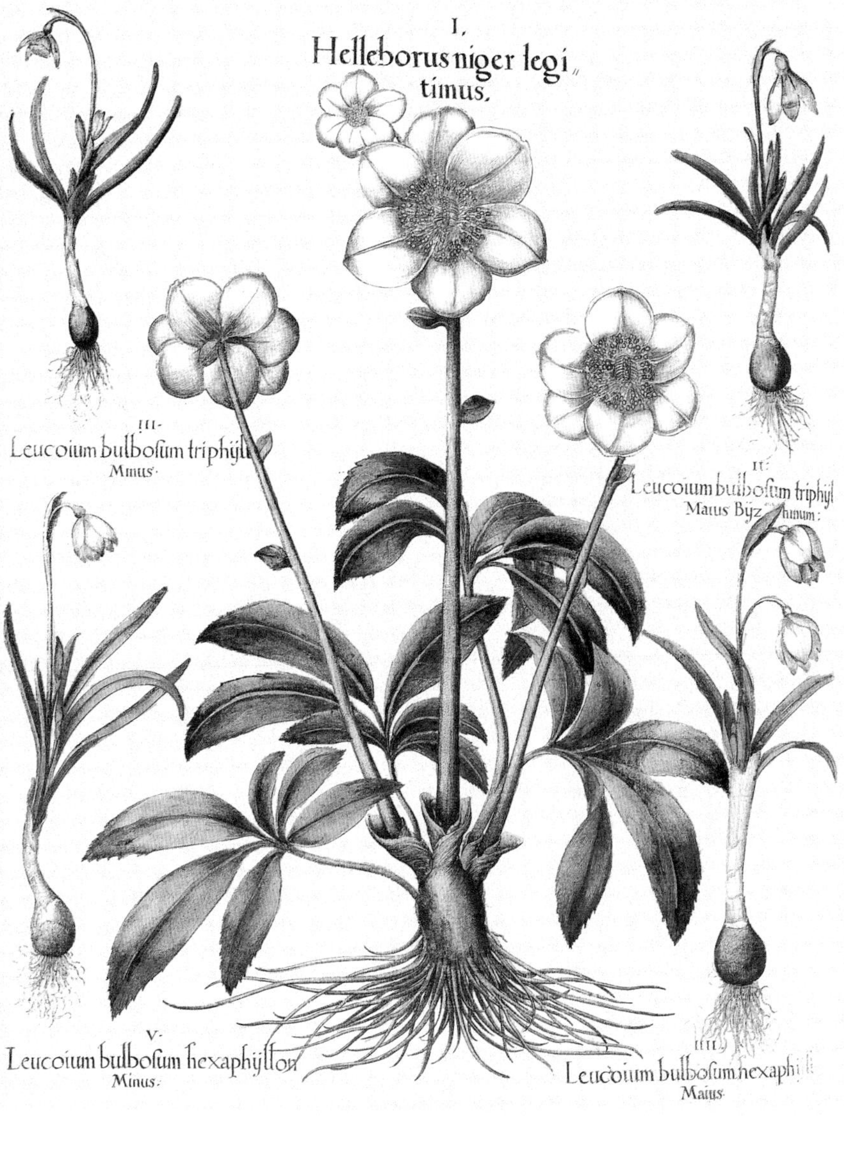
I.
Helleborus niger legi
timus.
II.
Leucoium bulbosum triphyl
Maius Byz tinum:
III.
Leucoium bulbosum triphyll
Minus.
IIII.
Leucoium bulbosum hexaphi
Maius.
V.
Leucoium bulbosum hexaphyllon
Minus.

098

Plate 365

Ⅰ. PETASITES HYBRIDUS
서양머위 | 국화과
Ⅱ. ERANTHIS HYEMALIS
노랑너도바람꽃 | 미나리아재비과
Ⅲ. PETASITES ALBUS
흰무늬머위(알부스머위) | 국화과

국화과에 속하는 머위는 습지에서 잘 자란다. 식용과 약용으로 쓰이며, 특히 암 치료에 활용하고 있다.
남유럽 원산의 노랑너도바람꽃은 매우 이른 봄에 노란 꽃이 핀다.

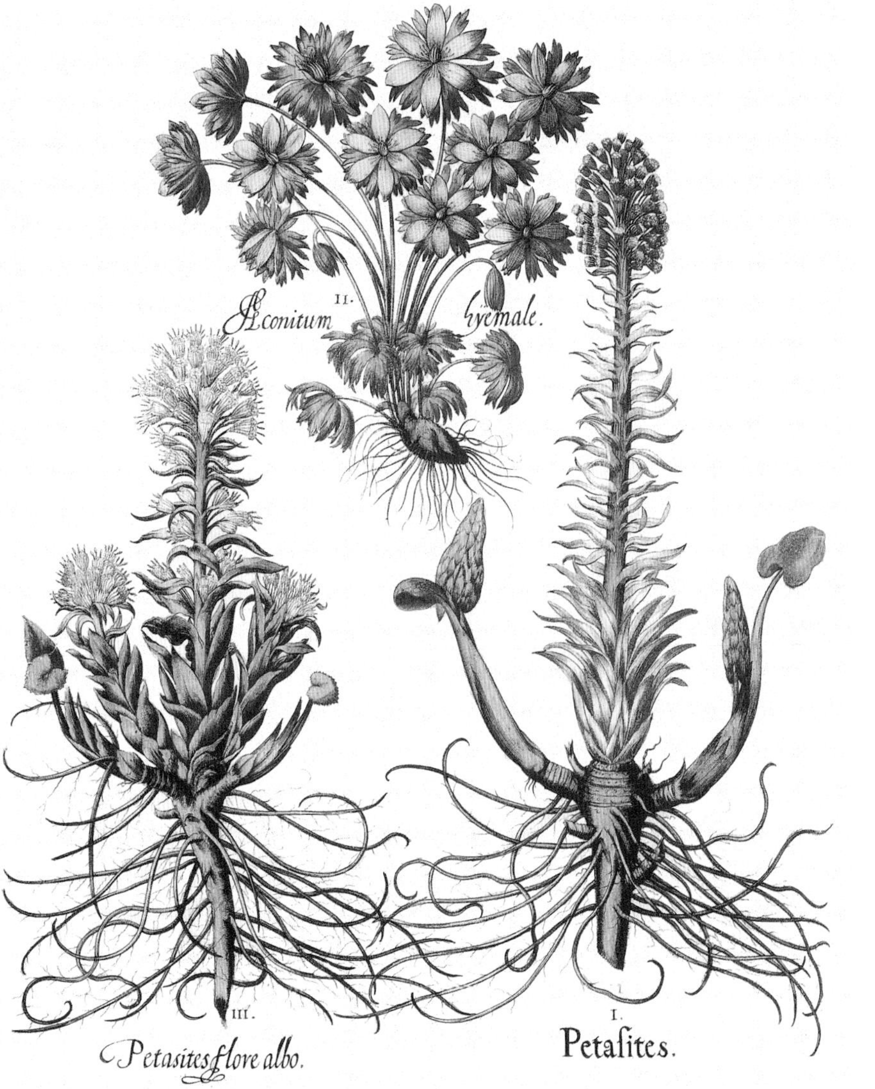
II.
Aconitum hyemale.
III.
Petasites flore albo.
I.
Petasites.

099

Plate 366

Ⅰ. TUSSILAGO FARFARA
관동화 | 국화과
Ⅱ. PULSATILLA VULGARIS
유럽할미꽃 | 미나리아재비과
Ⅲ. PULSATILLA VERNALIS
봄할미꽃 | 미나리아재비과
Ⅳ. ANEMONE NEMOROSA
들바람꽃(아네모네) | 미나리아재비과
Ⅴ. CHRYSOSPLENIUM ALTERNIFOLIUM
오대산괭이눈 | 범의귀과

이른 봄에 피는 꽃들로, 꽃의 크기는 크지 않지만 꽃잎 색이 다양하다. 관동화는 여러해살이풀로, 땅속에서 동면하다가 얼음을 뚫고 나와 가장 먼저 봄을 알린다.

다양한 할미꽃들은 몸 전체가 흰 털로 덮여 있다.

III.
Pulsatilla flore albo.
II.
Pulsatilla flore cœruleo.
I.
Tussilago.
V.
Saxifraga aurea.
IIII
Ranunculus nemorosus albus.

100

Plate 367

Ⅰ. CORYDALIS CAVA
현호색 | 현호색과
Ⅱ. DAPHNE MEZEREUM
이월서향(천리향) | 팥꽃나무과
Ⅲ. CORNUS MAS
유럽산수유 | 층층나무과
Ⅳ. CROCUS VERNUS
베르누스크로커스 | 붓꽃과

봄이나 여름에 피는 꽃에 비해 대체로 생장이 느린 식물들로, 보통 봄이 시작되는 2월이나 3월에 꽃이 핀다. 이른 봄에 보라색 줄무늬의 꽃을 피우는 베르누스크로커스는 관상용으로 많이 재배하며, 이월서향은 꽃의 향기가 매우 강하여 '천리향'이라고도 한다.

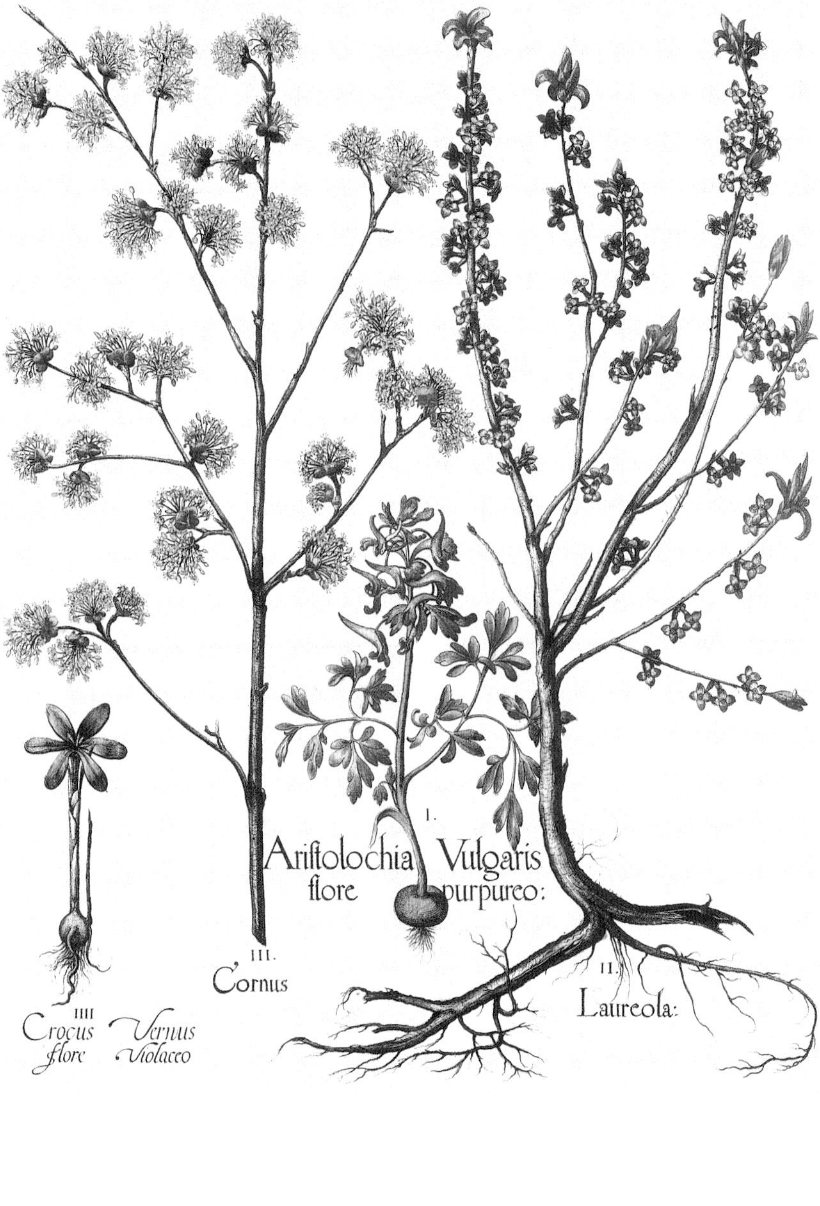
I.
Aristolochia Vulgaris
flore purpureo:
II.
Laureola:
III.
Cornus
IIII
Crocus Vernus
flore Violaceo

바실리우스 베슬러Basilius Besler(1561~1629)

《아이히슈테트의 정원*Hortus Eystettensis*》으로 가장 잘 알려져 많은 존경을 받은 독일 뉘른베르크의 약제사이자 식물학자.
16세기 말에 새로 임명된 대주교, 요한 콘라트 폰 게밍겐은 식물을 열렬히 사랑하여 자신의 정원을 제대로 설계하고자 했고, 베슬러의 동료였던 요하임 카메라리우스가 이를 맡아 1596년에 정원을 재정비하기 시작한다. 그러나 1598년, 카메라리우스가 세상을 떠나고, 미완성으로 남은 정원의 설계를 베슬러가 이어 받는다.
이후 대주교는 베슬러에게 한 가지를 더 부탁했는데, 이것이 《아이히슈테트의 정원》의 시작이다. 대주교는 정원의 다양한 식물들을 기록하여 식물지로 출판하기를 원했고, 베슬러의 감독 아래, 식물학자, 도안가, 조각가, 색채화가 등이 16년간 협업하여 만들어 낸 식물지가 바로 《아이히슈테트의 정원》이다.
《아이히슈테트의 정원》 속 삽화는 동판을 이용하여 식물들의 실제 크기에 가깝게 제작되었으며, 이전의 식물지들과는 달리 '계절'과 '색감'을 기준으로 식물들을 배치하여 예술성이 돋보인다. 이러한 점에서 《아이히슈테트의 정원》은 17세기 초 가장 위대한 식물지로, 베슬러는 식물을 소재로 한 예술Botanical Art의 발전에 있어 핵심적인 인물로 평가받는다.

원정현

서울대학교 사범대학 생물교육과를 졸업하고, 미국 일리노이대 University of Illinois at Urbana-Champaign에서 교육학으로 석사 학위를 받았다. 서울대학교 자연과학대학 과학사 및 과학철학 협동과정에 진학해 박사 과정을 수료했으며, 현재는 '해방 후 한국 지질학의 성립 과정'에 관한 박사 학위 논문을 쓰는 중이다. 집필한 책으로는 고등학교 과학사 교과서와 시리즈 〈세상을 바꾼 과학〉(리베르스쿨)의 《세상을 바꾼 물리》, 《세상을 바꾼 화학》, 《세상을 바꾼 생물》, 《세상을 바꾼 우주》 등이 있다.